漫画 趣味物理

跟着大师学物理

③ 光学

［俄］雅科夫·伊西达洛维奇·别莱利曼 ◎著

朱若愚 ◎编译　蓝灯童画 ◎绘

文化发展出版社
Cultural Development Press
·北京·

图书在版编目（CIP）数据

跟着大师学物理．3，光学／（俄罗斯）雅科夫·伊西达洛维奇·别莱利曼著；朱若愚编译；蓝灯童画绘．— 北京：文化发展出版社，2023.12
ISBN 978-7-5142-4113-6

Ⅰ．①跟⋯ Ⅱ．①雅⋯ ②朱⋯ ③蓝⋯ Ⅲ．①光学－普及读物 Ⅳ．① O4-49

中国国家版本馆 CIP 数据核字(2023)第 203222 号

跟着大师学物理 ❸光学

著　　者：[俄]雅科夫·伊西达洛维奇·别莱利曼
编　　译：朱若愚
绘　　者：蓝灯童画

出版人：宋　娜　　　责任校对：岳智勇
责任编辑：肖润征　杨嘉媛　　装帧设计：言　诺
特约编辑：胡展嘉　　　责任印制：杨　骏
出版发行：文化发展出版社（北京市翠微路 2 号 邮编：100036）
网　　址：www.wenhuafazhan.com
经　　销：全国新华书店
印　　刷：河北炳烁印刷有限公司

开　　本：170mm×230mm　1/16
字　　数：313 千
印　　张：25
版　　次：2023 年 12 月第 1 版
印　　次：2023 年 12 月第 1 次印刷

定　　价：118.00 元（全 3 册）
ISBN：978-7-5142-4113-6

◆ 如有印装质量问题，请电话联系：010-68567015

目录

第一章　光

被困住的影子 2
蛋壳里的小鸡 6
日出的问题 8
漫画摄影 10
本章科学小实验 13

第二章　光的反射与折射

看穿墙壁 18
会说话的脑袋 20
放在前面还是后面？ 22
你能看见镜子吗？ 24
在镜子中的你 26
在镜子前画画 28
最短和最快 30
最短的距离 32
万花筒 34
迷幻宫殿 38
光为什么会发生折射？ 42
更长的路，但是更快 46
"新鲁滨孙漂流记" 52
冰也能生火 56
海市蜃楼 60

绿光	64
来自太阳的帮助	70
本章科学小实验	73

第三章　视觉

在摄影出现之前	78
许多人不会做的事	80
怎么看照片？	82
将照片拿多远？	84
放大镜的奇妙作用	86
电影院里最好的位置	88
给画报读者们的提示	90
看画与作画	92
二维与三维	94
双眼视觉	96
巨人眼中的世界	98
立体镜中的宇宙	100
三眼视觉	102
立体闪光	104
快速列车上的景象	106
彩色眼镜	108
神奇的变形	110
黑与白	112
盯着你的肖像画	116
更多视错觉	118
近视	122
本章科学小实验	125

参考答案 127

第一章

光

被困住的影子

古人虽然无法抓住影子，但他们却能利用影子记录影像——剪影。现如今我们想要拍下自己或者亲友的照片，找摄影师就可以了。可在18世纪还没有摄影师，只能找肖像画家，但他们的收费十分高昂，只有富人才能承担得起，这也是剪影得到广泛传播的原因。从某种意义上说，剪影就像现在的快照。

剪影实际上就是被捕捉到的影子，人们通过机械的手段绘制剪影，这和拍照看起来不同，但仔细想想，也是有相似的地方的。摄影师利用光线来拍摄**照片**[①]，古人利用影子来绘制影像。

[①] photo，这个词在希腊语中是"光"的意思。

图1 绘制剪影

剪影画通常是黑色或其他单一颜色的侧面肖像，通过光照在一张纸上得到影子，再将影子描摹下来。剪影画的表现力取决于对象动作的鲜明轮廓，剪影不利于表现细节和质感。

图 1 展示了剪影的绘制场景。桌子上点一根蜡烛，蜡烛后摆一面镜子，被绘制者坐在椅子上，侧着身体，转动头部，在屏风上投出一个侧面轮廓的影子。为了使影子的轮廓比较明显，被画像的人通常需要不停地变换**角度和位置**，然后制作剪影的人将他的投影用铅笔勾勒出来，再用黑色来填充线条内部，最后将其剪下来，粘贴在白纸上，这样就制作出一个剪影了。如果需要的话，还能用一种特殊设备——缩放仪（通过计算比例尺的方法）将剪影缩小。如图 2 所示，用比例尺将剪影的尺寸缩小为原来的一半。

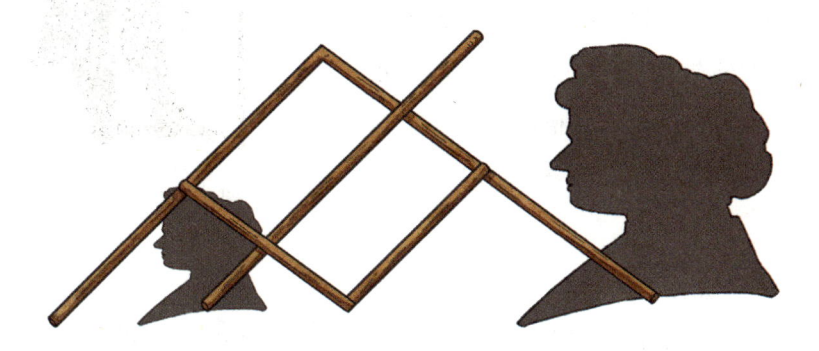

图 2 成比例缩小剪影

缩放仪是通过计算比例尺将图案按一定的比例放大或缩小，要注意图案的形状没变，改变的是图案的面积和周长。例如，一个客厅的长是 7 米，宽是 6 米，每 1 米画成图上距离是 1 厘米，也就是用比例尺将原客厅的尺寸缩小为原来的 $\frac{1}{100}$。你可别以为比例尺是一把尺子哦，它其实是图上距离和实际距离的比。

你可能会想，这样画出来的轮廓其实也没什么，不可能画出人物的特点。你可不要小看了这种黑色轮廓图，有时一个好的剪影不仅能表现出原型的**侧面轮廓**，还能将影像画得非常好，原型的**相貌特征**可跃然纸上。

一些艺术家也对剪影产生了兴趣，他们开始用这种方式作画，从而开创了一个新的流派。剪影（silhouette）这个词的来源也很有趣，18世纪，法国有一位财政大臣，名叫艾蒂安·德·西鲁艾特（Etienne de Silhouette），他呼吁那些挥霍无度的同胞应该学会勤俭节约，并指责法国的贵族将钱财浪费在画像上。由于剪影画价格低廉，这时便有人开玩笑地将剪影称为"西鲁艾特"（silhouette），借机取笑这位财政大臣，后来，这个词便流传下来了。

图3 席勒的剪影

席勒（Johann Christoph Friedrich Von Schiller），德国伟大的戏剧家和诗人。他被称为"伟大的天才般的诗人""真善美巨人""德国的莎士比亚"。

拓展延伸

影子是一种光学现象。由于物体遮住了光的传播，不能穿过不透明物体而形成的较暗区域，就形成了我们常说的影子。你仔细观察电灯下的影子就会发现影子中部特别黑暗，四周稍浅。我们把影子中部特别黑暗的部分叫本影，四周灰暗的部分叫半影。这些现象的产生都和光的直线传播有密切关系。

假如把一个纸杯放在桌子上，开手机电源进行照射，就会在纸杯后形成两个相叠而不重合的影子。两影相叠部分完全没有光线射到，是**全黑**的，这就是本影；本影旁边部分光可照到的地方，就是**半明半暗**的半影。

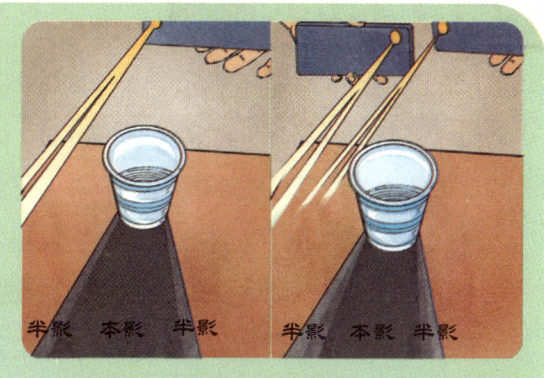

图4 本影和半影

如图4所示。如果用更多的手机灯去照射，本影部分就会逐渐缩小，半影部分会出现很多层次。

很明显，发光物体的面积越大，本影就越小。如果我们在上述纸杯周围点上**一圈蜡烛**，这时本影完全消失，半影也淡得看不见了。科学家根据上述原理制成了手术用的"无影灯"。它将发光强度很大的灯在灯盘上排列成圆形，合成一个大面积的光源。这样，就能从不同角度把光线照射到手术台上，既保证手术视野有足够的亮度，同时又不产生明显的本影，所以取名"无影灯"。

提问

皮影戏又称"影子戏"或"灯影戏"，是一种以兽皮或纸板做成的人物剪影以表演故事的民间戏剧。你能解释它的运作原理吗？

蛋壳里的小鸡

小的时候，我们都曾经利用影子来做游戏。比如，通过弯曲手指，可以在墙上或地上印出一个动物的形状，接下来，我们将利用影子的这种特性来做一个有趣的客厅魔术。拿一张纸，用油把它浸湿，再拿一个硬纸板，从中间剪出一个正方形的孔，==将油纸粘在正方形的孔上==，这样就做成一个小型屏幕了。在屏幕后面放上两盏台灯，让你的朋友坐到屏幕前。在灯和幕布之间靠左处放一块**椭圆形的硬纸板**，靠右处放一张**小鸡的剪纸**。将左边的台灯打开，这样你的朋友就能在前面看到一个鸡蛋的轮廓。现在还不用打开右边的台灯，你可以告诉你的朋友，你有一台 X 光机，能检测出鸡蛋里是否有小鸡。

> 然后再打开右边的台灯，瞧啊！你的朋友们就会看到鸡蛋的影子变淡了，而中间却出现了一个相当清晰的小鸡的轮廓，如图 5 所示。

图 5 X 光机道具

这其实很简单，你只需要在右边的台灯和屏幕中间放上一个小鸡形状的硬纸板，然后将右边的台灯打开，纸板的影像就会投到幕布上。只不过，事先我们需要调整好角度，让小鸡的影像正好跟椭圆形纸片的**影像重合**。另外，小鸡影像周边的阴影比其本身要亮一些，这是因为小鸡的影像区域完全没有光可以照射到，而其周边形成的阴影有部分光可以照射到。

站在幕布前的你的朋友看不到你的操作，所以并不知道其中的缘由。如果对物理学和解剖学知识不是很了解的话，可能会真的以为你有一台X光机器，所以才看到了小鸡的影像。

并不是任何物体都可以透视的，比如铅对于X射线是一种很难穿透的材料，一般用于阻挡X射线。透视机透视不同物体获取图像，例如，透视陶瓷中的塑料，因为陶瓷和塑料两种介质的密度是不同的，所以可以透视出其中的画面。画面上陶瓷和塑料的颜色深浅不一样，一般密度越高的物质颜色越深。

提问

手影戏演员在屏障后边用手的组合表演各种人物、动物的造型，用十指演绎天上飞、地上跑、水里游的动物，惟妙惟肖，令人惊叹。如图所示，请问，所模仿的豹头哪部分较亮，哪部分较暗？

图6 手影

日出的问题

假设你在早上 5 时能够看到日出。由于光不是瞬时传播的，光线离开太阳到抵达你的眼睛已经过了一定的时间。而我的问题是，假如光能瞬时传播的话，你应该在什么时间去看日出？

从太阳发出的光线需要 8 分钟才能到达地球，所以你也许会认为，如果光线能瞬时到达地球的话，那 4 时 52 分就可以看到日出了。这么想其实是错误的，原因在于你之所以看见日出，是地球转到了被阳光照亮的区域。就算光能够瞬时传播，我们还是要等地球转到平时到达的位置才能看见日出，因此还是只能在 5 时看到日出。

太阳从刚露出地平线到完整在地平线之上，大概需要 2 分钟左右。图 7 所示是地平线日出前 12 秒的情景。

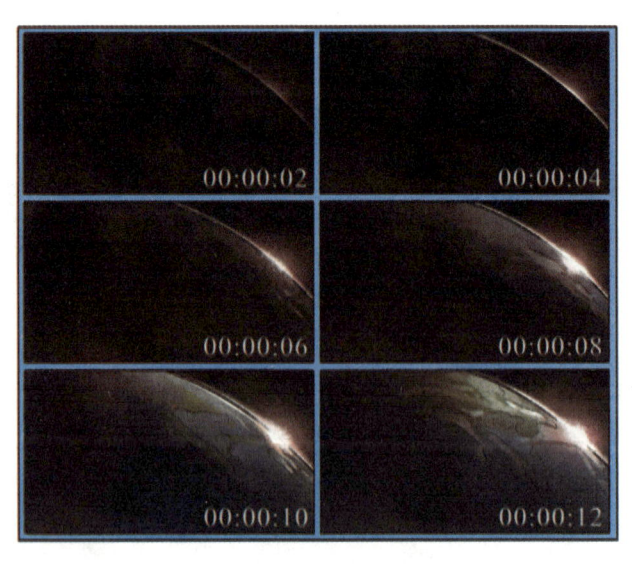

图 7 地平线上的日出情景

如果我们考虑"大气折射"的话，结果会更令人惊讶。

折射会扭曲光的传播路径，使我们能够在太阳真正升起之前看到它出现在地平线上。

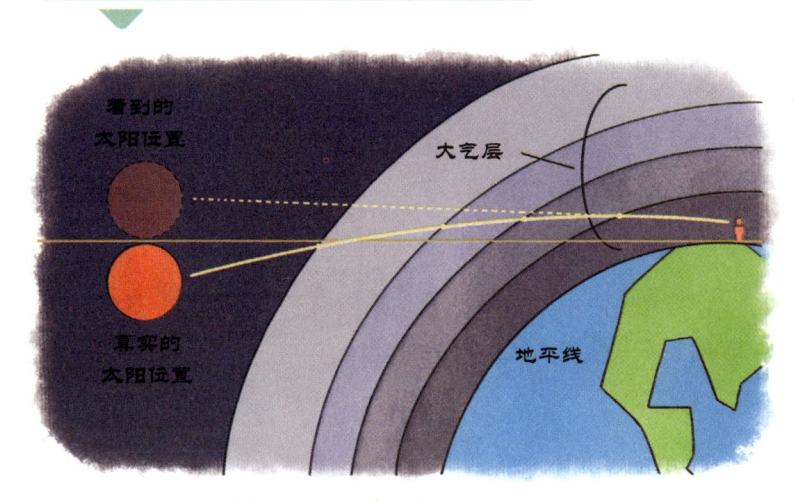

图8 光的折射使我们能更早看见太阳

假设光是瞬时传播的，就不会发生折射了，因为光折射的本质是<mark>由于光在不同介质中的传播速度不同。</mark>

如果没有折射的话，我们看到日出的时间将会推迟，少则两分钟，多则几天，甚至更长时间，具体取决于纬度、空气温度及其他一些因素。所以，如果光能瞬时传播的话，我们看到的日出将会比现在稍晚。

当然，如果你用一个望远镜去观察太阳上的日珥，情况就不一样了。若光能够瞬时传播，你确实会提前8分钟看到日光，但那不是我们所说的日出。

提问

如果光能够瞬时传播的话，我们将在什么时候看到太阳升起？

漫画摄影

你们或许不知道，其实我们可以用一个普通的小圆孔来代替相机的镜头，只不过用这种相机拍摄的影像没那么清晰。而且由于孔比较小，通过的光线少，像的亮度也比较弱。

还有一种更有趣的狭缝相机，它用两条十字交叉的狭缝代替了圆形的光圈。这个相机的正面有两块木板，其中一块木板上开着**垂直**的狭缝，另一块的狭缝是**水平**的。将这两块木板叠加在一起时，得到的照片与用圆形光圈相机照出来的照片是一样的。

图 9 针孔照相机

若将它们分开，照出来的照片就会有些变形，如图 10 所示分别是在横向和纵向被**拉长**了的照片，看着就像滑稽的漫画一样。

图 10 不同方向上被拉伸的滑稽照片

为什么会出现这种情况呢？让我们拿图 11 所示的情况来举例。从图像 D（一个十字）的竖直线上发出来的光线在穿过水平缝隙 C 时会像穿过圆形小孔时那样交叉穿过去。而竖直的缝隙 B 则不会改变这束光线的路径。最后在毛玻璃 A 上得到的图像的竖直线的长度与 A、C 两块板之间的距离成正比。

从图像 D 水平线上发出来的光线，所走的路径则不同。光线在穿过水平缝隙 C 之前不会受到任何阻碍，穿过 B 时则会交叉穿过。因此图像 D 的水平光线在毛玻璃 A 上生成的线条的长度是与 A、B 两板之间的距离成正比的。

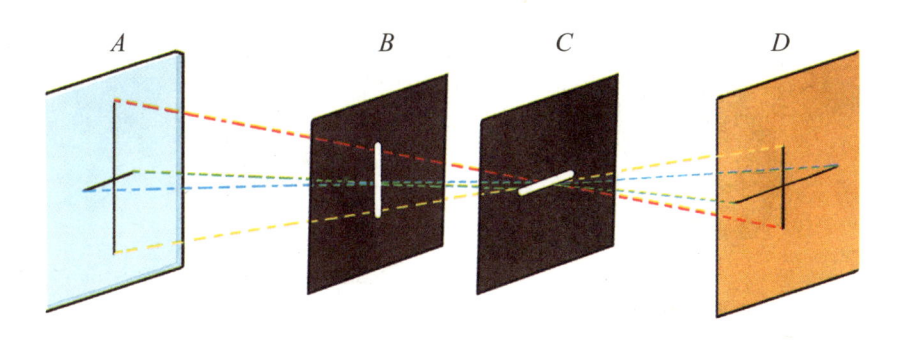

图 11 狭缝相机拍出滑稽照片的原因

> 简而言之，水平缝隙 C 影响 A 上的垂线图像，竖直缝隙 B 则影响 A 上的水平图像。并且由于缝隙 C 距离毛玻璃 A 更远，因此在毛玻璃 A 上图像竖直方向上的尺寸比水平方向上的更大，即图像在竖直方向上被拉长了。

如果将 B、C 的位置调换过来的话，就会生成一个在水平方向上被拉长的图像。如果斜着移动两条缝隙，图像又会产生另一种变形效果。

拓展延伸

小孔成像

由于光线沿直线传播，经过物体反射的光线在经过一个小孔后，会在屏幕上形成一个倒立的影像，这种现象被称作小孔成像。一般来说，孔越小，得到的影像越清晰，但孔太小的话也会造成影像亮度很暗。

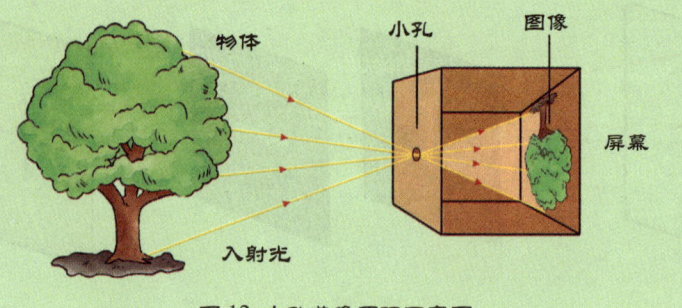

图 12 小孔成像原理示意图

提问

在一张硬纸板上剪一个很小的三角形孔洞，接着让太阳光垂直照在这个三角形孔洞上，那么地面上形成的光斑会是什么形状呢？

本章科学小实验

纸杯投影仪

今天我们将利用"调皮"的光,还有家中常见的物品来做一个简单的投影仪!下面让我们一起来动手试一试吧!

【实验道具】

一个纸杯、保鲜膜、一条橡皮筋、手电筒、剪刀、马克笔

【操作步骤】

(1) 在纸杯的底部中心打一个小孔,剪刀穿过小孔,把纸杯底部剪成8等份。

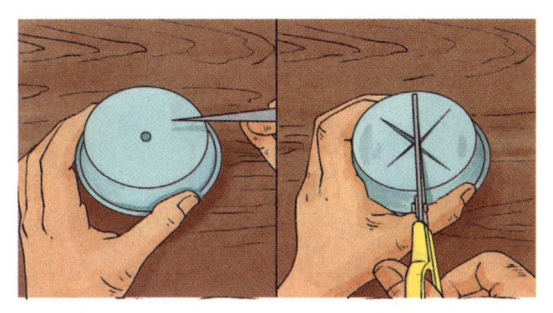

图13 纸杯底部

(2) 把保鲜膜盖在杯口上,并用橡皮筋套住保鲜膜将其固定在纸杯上。

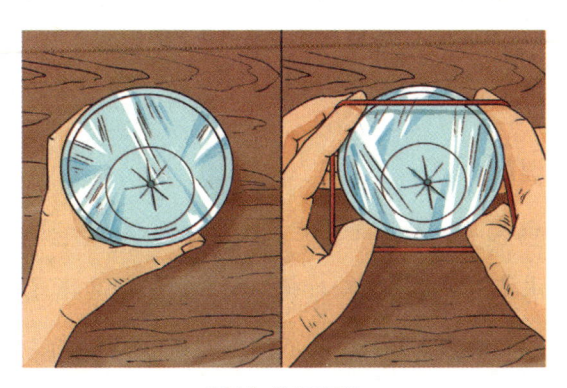

图14 纸杯顶部

（3）用马克笔在保鲜膜上画上一个你喜欢的图案。

图 15 在保鲜膜上画上熊猫脸

（4）把手电筒从纸杯底部伸进去，如果没有手电筒，可以用手机的手电筒代替。现在，让房间暗下来，然后打开手电筒，把纸杯开口朝向墙面，就可以在墙上看到图案的投影。

图 16 将图案投射在白墙上

提示：调整手电筒和纸杯口的距离，则墙上的影子大小会跟着变化。

【科学原理】

纸杯投影仪就是借助了光的直线传播的原理，光照射到保鲜膜透明部分，可以顺利通过并继续沿直线传播。照射到我们画的图案时，光线无法顺利通过，墙上就会形成与图案相同的阴影，也就是影子。

消失的图案

有时候我们不能太过于相信自己的眼睛，你看见的不一定是真实的。接下来的这个魔术将带你寻找一幅消失的图案，说它消失其实有点言过其实了，不过是你看不见罢了。

【实验道具】

两张有些厚度的白纸、黑色和彩色画笔各一支、手电筒、尺子、剪刀、胶带

【操作步骤】

（1）将纸张剪成如图所示的两个矩形，下方的矩形准备用来做圆筒，上方的矩形用来做盖子。上方矩形尺寸可稍大一些，折叠后能覆盖住下方圆筒即可。若要改变下方矩形尺寸的话，请注意，下方矩形的长不能超过 265 毫米，否则盖子会盖不住。

图 17 两张长方形纸

（2）在准备用来做圆筒的矩形纸张正面居中处，用黑色铅笔画一个黑白图案，纸张背面的中间用彩笔画另一个图案。正面和背面的图案要对齐，图画的内容随意发挥。

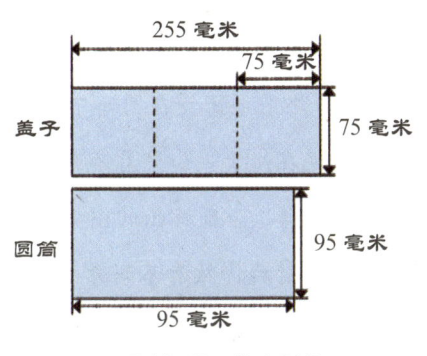

图 18 圆筒纸正反面居中处画的图案

(3) 再把纸张卷成圆筒形，首尾交接处用胶带固定。此时黑白图案位于纸面外侧。另外一张矩形纸，折叠成风琴状后用胶带固定住，再用胶带固定在圆筒上方作为盖子。

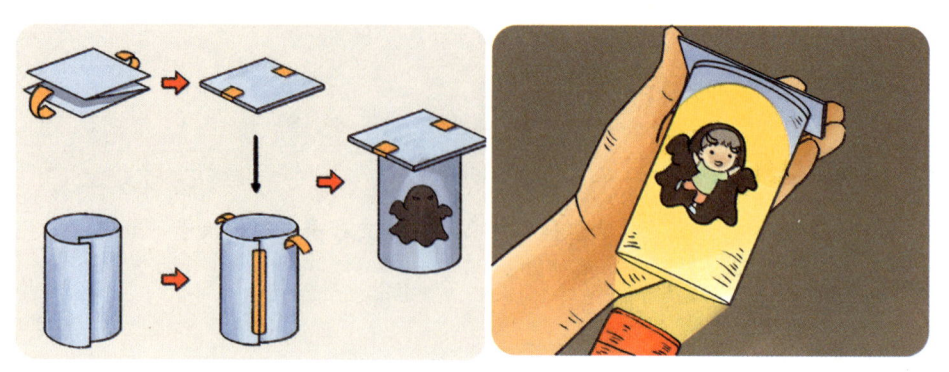

图19 卷成圆筒

图20 两张长方形纸

(4) 把手电筒放在圆筒下方，让灯光照亮圆筒内侧，则背面的彩色图案会出现在纸上。如果看不到背面的图案，则可能和纸张的厚度有关。纸张不能太薄，否则背面的图案从一开始就会被看穿；纸张也不能太厚，避免灯光照射后仍然看不到背面的图案。

【科学原理】

如果纸张正面很亮，正面的大量光线会进入人的眼睛，此时只能看到正面的图案，而看不到背面的图案。如果纸张背面很亮，则更多的光线会透过背面，因此人眼可以看到背面的图案。

第二章

光的反射与折射

看穿墙壁

19 世纪 90 年代，人们还能在市面上买到一种叫作"X 射线仪"的奇妙机器。我当时还是个学生，在第一次看到这个装置时就感到十分困惑，它能让我看到不透明物体背后的光线，不仅能穿透厚纸，甚至能穿透刀锋，而真正的 X 射线确实无法做到这一点。

图 21 展示的就是这个装置的原型。现在就是揭秘的时候了。

> 它有四面小镜子，每面镜子都以 **45 度角**安装，用来**反射**、再**反射**来自物体的光线，这样就能让光绕过不透明的障碍物。

反射　　　再反射

图 21　冒牌的 X 射线仪器

> 根据光的反射定律，反射角要等于入射角，镜子以 45 度角进行安装，这样光线就能在水平和竖直之间来回切换。

在军队中被广泛使用的潜望镜也利用了类似的原理，它能让士兵们在不被发现的情况下追踪敌人的行动。物体离潜望镜越远，观察者的视野就越小。

光线在潜望镜中待的时间越长，也就是传播的距离越长，我们观察到的视野就越窄。想要扩大视野就需要增加镜片，而镜片会吸收一部分光线，从而导致得到的图像变得模糊不清。因为上述原因就限制了潜望镜的高度。

20 米左右，已经是能达到的最大高度了。更高的潜望镜，视野会变得非常小，图像也会十分模糊，特别是在阴天。

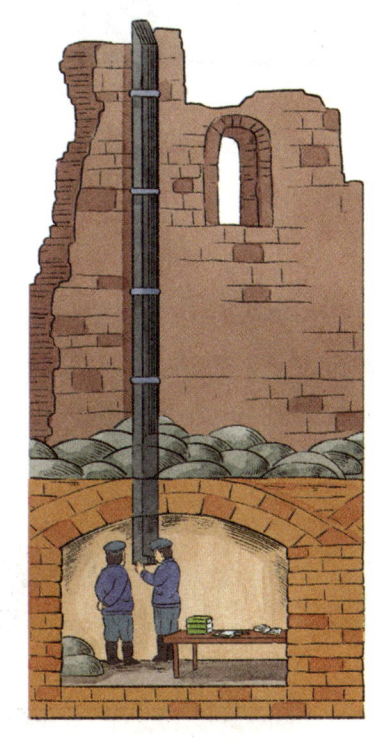

图 22 潜望镜及其示意图

潜艇的指挥官也会使用潜望镜来观察他们准备攻击的船只，潜艇上的潜望镜一般只在潜艇没入水中时才会使用。虽然在潜艇中使用的潜望镜要比普通军用潜望镜更加复杂，但基本原理是相同的，就连镜片的排列方式也是类似的。

提问

为什么潜望镜能看到比自己所处位置还要高的地方的物体？

会说话的脑袋

我们偶尔会看到这样的魔术，觉得非常不可思议。桌子上放着一个盘子，盘子上露着一颗人头，她的眼睛在转动，她不仅会说话，甚至还会吃东西。

> 观众是不能靠近桌子的，以观众视角来看，桌子下面没有任何东西。虽然心里知道这一切都是假的，但也不免啧啧称奇。

图 23 桌子下的秘密

如果你下次再看到这样的表演，记得带张纸，把纸团成球，然后扔到桌子下面，谜底就很轻易地被揭开了。你会看到扔到桌子下的纸团被反弹回来，也就是说桌子下面并不像我们看到的那样空空如也。在桌子下面有一面镜子，人就藏在镜子后面。即使纸团没有撞到镜子，你也能在镜子里看到纸团所成的像。

这个魔术对道具和环境的要求还是非常严格的。首先镜子的长度刚好等于**两条桌腿间的距离**，这样就可以把人的身体完全挡住，让观众产生桌子下面没有任何东西的错觉。其次要保持房间**空旷**，周围的墙壁要保持一致，地板也应该是单色的，上面不能有任何装饰性的花纹，镜子不能照到家具或者观众，否则就露馅了。最后一点特别重要，周围的观众必须与桌子保持**一定的距离**。

如图24，地板砖不是完整的，缝隙与镜外对称，说明看到的是像。

所以你看，这个把戏的秘诀其实很简单。但是在你知道之前，还是很容易被唬住。

表演这个魔术还有其他很多种方式，你也许可以自己设计一个。

图24 地面过多纹路就会暴露

提问

除了扔纸团到桌子下能判断桌子下是否有镜子，你还有什么其他方法判断？注意，前提是不能靠近桌子。

放在前面还是后面？

就像有些人不知道在冷却饮品时，应该将冰块放在它们的上面还是下面。生活中的许多物品其实都没有得到正确使用，比如刚才提到的镜子，不见得所有人都知道如何正确地使用它。

> 在照镜子时，有时将灯放在自己身后用来照亮镜子中的自己，这是不正确的做法。正确的做法应该将灯放在<u>自己的身体前</u>，让光打到自己身上。

图 25 照镜子时灯光应放在自己身体前

若我们在照镜子的时候，是背对着灯，那么灯发出的大部分光线都被我们身体挡住了，这样我们的面容就会显得很暗淡，色彩不明。若把灯放在身体前，那么光照射到身上，发生漫反射（反射光线朝四面八方），==光线经过镜面反射进入人的眼睛==，人才看清自己，所以说灯放在身前是最好的。

拓展延伸

镜前灯

我们都习惯在卫生间装上一面镜子，不仅是习惯性边洗漱边照镜子，还能让卫生间更显通透。但是有些户型卫生间较暗，这就需要安装镜前灯了。那么卫生间镜前灯怎么摆放合适呢？

（1）镶嵌在镜子上

镶嵌不会缩减镜子的宽度，可以充分满足梳妆的使用功能，另外更加节约空间，采用这种方式的话，不用选择特别强烈的光源，这样镜面反射出来的光线就会显得自然柔和。

图 26 镜前灯的两种常见形式

（2）对称摆放

镜前灯对称摆放可以看起来更加和谐统一，你可以选择一些自己喜欢的壁灯款式，买两个一样的壁灯对称摆放就可以，这种摆放形式不只适用于一面装饰镜的卫生间，对于多面镜子的卫生间也同样适用。

提问

如果想让房间其他物品看起来更清晰一些，应该怎么做？

你能看见镜子吗？

你能看见镜子吗？这个问题说明了我们对镜子的知识了解得还不够多，尽管我们每天都在用镜子，但大多数人对这个问题的回答都是错误的。如果你认为我们能看见镜子的话，那你就错了。一面干净、光滑的镜子应该是看不见的。

> 你能看到的只是它的框架、轮廓及从镜子中反射出来的东西，但你看不到镜子自身的样子，除非它脏了。

图27 干净、光滑的镜子表面只能看到它反射出的影像

与粗糙的表面（也就是会将入射光反射到各个方向去的表面）相比，非常光滑的表面一般是看不见的。在日常生活中，镜面光滑闪亮，相比之下，粗糙的表面则显得比较暗淡。大部分利用镜子来完成的魔术或视觉游戏，所依赖的正是它**不可见的特性**，你在镜子中看到的都是不同物体的**虚像**而已。

拓展延伸

镜面反射和漫反射

在光滑的表面上光线总是会以与入射角相同的角度反射出去，这种现象叫作镜面反射。而粗糙的表面则会将入射光线向各个方向反射出去，这种现象叫作漫反射。

镜面反射迎着反射光看很刺眼，就是常说的反光，其他方位看不见，或不明显；漫反射在各个方向都能看清，反射光线朝向四面八方。很多物体，如植物、墙壁、衣服等，其表面看起来似乎是平滑的，但用放大镜仔细观察，就会看到其表面是凹凸不平的。

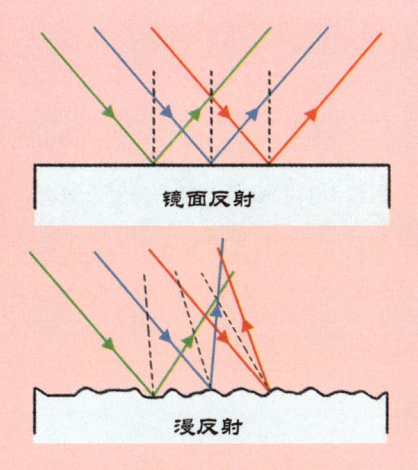

图28 镜面反射和漫反射光路图

提问

如果想让一个平面由镜面反射变成漫反射，或者是从漫反射变成镜面反射，应该怎么做？

在镜子中的你

当你在照镜子时，你可能会觉得你在镜子中看到的是和自己一模一样的复制品，包括最微小的细节也是。

让我们来验证一下这个说法。

> 假设你的右脸颊上有一颗痣，你看到镜子里的人左脸上有一颗痣。你将头发梳到右边，镜子里和你一模一样的人将头发梳到了左边。你左边的眉毛或许比你右边的眉毛高一些，但镜子里的你却相反。

图 29 镜子里的你外貌和动作都是相反的

镜子里的你除了样貌、动作相反，你的某些行为习惯也发生了转变。比如你习惯把你的手表放在右边口袋里，钱包放在左边口袋里，但镜子里的你却有着相反的习惯。

注意图 30 镜子中的表盘，你的手表不应该是这样的，上面的数字及它们的排列看起来都很奇怪。

> 数字"9"对应符号"IX"，出现在了本该是数字"1（I）"的位置上，而数字"1"此时却在数字"11（XI）"的位置上。

图 30 镜子中的表盘

镜子中的你可能还有着一些你没有的习惯，他（她）是个左撇子，他（她）穿鞋子、做家务、吃饭用的都是左手，他（她）会伸出左手来握你的右手。镜子中的你识字吗？即便他（她）是识字的，我也非常怀疑你是否能看得懂他（她）用左手写下的字或是他（她）手里的书籍。面对这个翻版的自己，你还认为他（她）和你一模一样吗？

玩笑归玩笑，如果你真的认为在镜子中看到的人和你一模一样，那你就错了。大多数人的面部、身体或是衣服都并非是完全对称的，但我们一般不会注意到这一点。镜子里的你的左边看起来和你的右边是一样的，而镜子里的右边其实是你的左边。因此实际上==你在镜子中看到的自己和别人眼中的你是不一样的==。

提问

上午，如果在镜子中看到钟表的时间是 2 时整，那么实际时间应是几时？

在镜子前画画

做了以下这个实验，你就会发现你和你在镜子中的像并不是完全相同的。

坐到桌子前，面对一面直立的镜子。然后拿一张纸，在上面画一个有两条交叉对角线的长方形，注意在画的时候不要看着自己的手，而是看镜子里的手，你可以在画的时候，拿其他东西挡住看向桌面的视线。

听起来很简单吧，但实际画的时候却变得很难。若不信的话，可以动手试一试！

图31 对着镜子画画

一直以来，我们习惯了视觉和身体动作间的相互协调，然而镜子会打破这种协调，因为镜子给我们展示的是一种扭曲了的视觉形象。而习惯会让你跟着镜子里的图像走，比如你想往右边画一条线，但你的手会把铅笔拉向左边。所以当你试图用这种方式来写字或者画一些更复杂的图案时，最后呈现出来的东西肯定会十分滑稽。

用吸墨纸吸印文字，吸印出来的文字与原文字是**镜像**的。当你试着去解读它们时，即使字迹看起来相当清晰，你也看不出来到底写了些什么，笔画乱七八糟。

吸墨纸吸印出来的文字和原本文字在镜子中的虚像是一样的!

但是，如果把这团混乱的字迹放到镜子前阅读的话，就一下子变得清晰了，你也能认出熟悉的字迹。事实上镜子为你提供了对称的影像，所以本来反过来的字在镜子中再次被反过来，看起来就又正常了。

图32 吸印出来的文字

提问

有时候看直播会发现直播画面中的文字是反着的，你知道这是为什么吗？如何调整，才能让文字正常显示呢？

最短和最快

光在同一种均匀介质中以直线传播，也就是以**最短**的运动路径传播。当光从镜面上被反射回来时，也同样会选择最短的路径。

在图 33 中，A 是一支蜡烛，表示光源，MN 是一面镜子。

> ABC 就是光从 A 到 C 的传播路径，其中 KB 垂直于 MN。

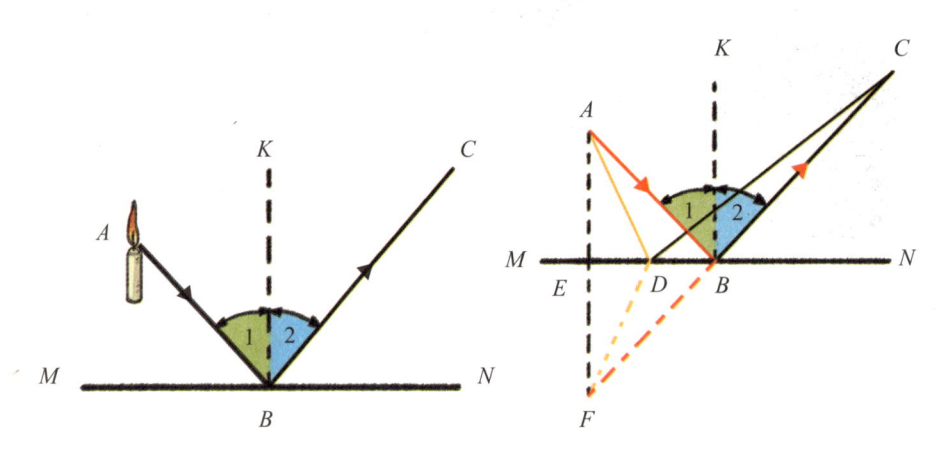

图 33 光的反射路径

图 34 光的最快反射路径

根据光学定律，我们得知反射角 2 等于入射角 1。只要知道这一点就可以证明所有从 A 到 C 的路径中，ABC 是最短的。为了证明这一点我们需要将 ABC 与其他路径做比较，比如 ADC，如图 34。从 A 做 MN 的垂线 AE，并将其延长，延长线与 CB 的延长线相交 F 点，最后将点 F 与点 D 连接起来。

首先我们来看三角形 AEB 与三角形 FEB 是否相等。它们都是直角三角形，并且有一条相同的直角边 EB。除此之外，我们还能证明**角 EFB 等于角 EAB**，因为它们分别等于角 2 和角 1，所以得出三角形 AEB 和三角形 FEB 完全相等。由此我们得出 **AE 等于 EF**。

接着我们可以证明三角形 AED 和三角形 FED 相等，因为它们的两组直角边分别相等，所以可以得出 **AD 与 FD 相等**。

这样我们就能用等长的路线 FBC 来代替 ABC，因为 AB 等于 FB。而路径 ADC 可以用 FDC 来代替。从图 34 中就可以看出，直线 FBC 比折线 FDC 更短。因此，**路径 ABC 比路径 ADC 更短**，证明完毕！

无论点 D 的位置在哪里，只要反射角等于入射角，路径 ABC 始终比路径 ADC 短。所以从起点到镜子，再到终点，光从所有可能的路径中选择了最短的路径。这是由公元 3 世纪著名的希腊数学家亚历山大的希罗首次提出的。

希罗是一位古希腊的数学家和工程师，希罗根据古希腊人对自然法则的理解——大自然总是遵循最简单的和最经济的准则在运行。那么他想，光的路径如何才能最简单直接呢？路径最短！所以他在他的著作《反射光学》中提出了光线的最短路径原理，被称为希罗最短路径原理。

提问

上面的证明中说直线 FBC 比折线 FDC 更短，从这句话中，你能总结概括出一条实用的规律吗？

最短的距离

上一节中讨论的找最短路径的方法，在解决某些脑筋急转弯的问题时会变得非常有用。我们看下面这个例子。

有一只乌鸦正栖息在一根树枝上，地上有一些散落的谷粒，乌鸦俯冲到地上，啄走一些谷粒，然后飞到栅栏上休息。问题是，为了使乌鸦飞过的距离最短，它应该选择啄食哪里的谷粒呢？这个问题和我们刚才讨论的光的最短路径非常相似。

> 所以你应该很快就能得出答案来：乌鸦应该选择和光的反射一样的路线。如图 36 所示，也就是乌鸦的飞行路线的角 1 应该等于角 2，图中所画的就是最短路径。

图 35 问题情境　　　　图 36 乌鸦飞行最短路径

是不是很容易就能找出最短路径了，请注意，图中虚线一定是垂直地面的。

拓展延伸

选址问题

如图37所示，小河边有两个村庄 A、B，现在要在河边建一自来水厂向村庄 A 与村庄 B 供水。

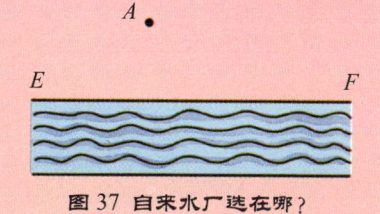

若要使自来水厂到 A、B 村所用的水管最省材料，那么自来水厂应建在什么地方？

路径 AOB 是最短路径。角2等于角1，O 点就是自来水厂的位置。

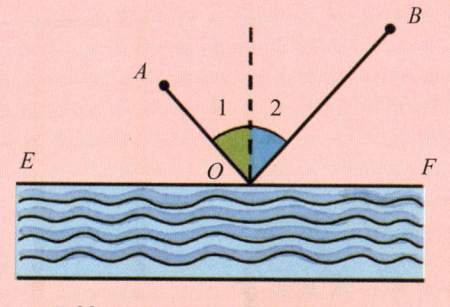

图37 自来水厂选在哪？

图38 根据光线最短路径原理选址

提问

通过上面两个例子，你能概括出解决最短路径问题的方法吗？

万花筒

我想你们应该都知道万花筒是什么吧。这个玩具由各种颜色的玻璃组成，<mark>这些玻璃碎片被放在两个或三个平面镜中间</mark>。只要稍微转动一下万花筒，这些玻璃碎片就会形成非常漂亮的图案。虽然万花筒是个很常见的玩具，但很少有人知道它能变换出多少种不同的图案。

> 设计者将三面成角度的镜子放在一个圆筒里，再将玻璃碎片放在筒端的两层玻璃间。随着三角镜中镜子的角度变化，影像的数目也随之变化，影像重叠后形成各种图案，不停地转动万花筒就可以看到不断变换的图案。

图 39 万花筒及结构示意图

想象一下，你的万花筒里有 20 个玻璃碎片，假设每分钟你可以转动它 10 次，即每分钟可以看到 10 种不同的图案。如果要看完由这 20 个玻璃碎片组成的所有图案，你猜猜，需要花费多长时间？

恐怕你再怎么大胆地去猜，也不一定能给出正确答案。因为直到海枯石烂，你也不一定能完成目标任务。

这个问题，俄罗斯科学家贝列里门计算过，答案是你要想看完所有图案，至少需要5000亿年！

图 40 万花筒形成的图案数量惊人

现在它不再像两百年前那样吸引人了，可在当时的人们看来，万花筒却是一种很新奇的玩具，诗人们还为它创作了诗歌。

万花筒这一能够无穷无尽地变换的特性，让艺术设计师一直都对其很感兴趣，它的图案被用在了壁纸、地毯和一些织物上。

图 41 万花筒中的彩色图像

35

万花筒是 1816 年被发明的，仅在一年到一年半的时间里，它就获得了广泛的关注。俄罗斯的一位寓言作家伊兹迈依洛夫在 1818 年 7 月发行的俄罗斯杂志《忠诚者》上写道：

诗歌和散文都无法描述万花筒能给你展示的一切。万花筒每转动一次，它的画面就会改变，展现出的新的图案和以前绝不相同，真是太美丽了。

如果将这些图案放到刺绣上那该有多合适！但是人们上哪儿才能找到这么亮丽的丝绸呢？这玩具真是个好东西，拿它来消遣可比耐着性子玩纸牌愉悦多了。

据说万花筒的历史可以追溯到 17 世纪，但不管怎么说，万花筒在英国被进一步改善。一位富有的法国人花了 20000 法郎订购了一个万花筒，里面用珍珠和宝石代替了普通的彩色玻璃片和珠子。

图 42 人们把玩万花筒当作了消遣

伊兹迈依洛夫随后讲了一个关于万花筒的趣事，最后以一种那个封建时代独有的忧郁语调做了总结：

> 皇家机械师罗斯皮尼以制造完美的光学仪器而闻名，他制作的万花筒每个售价 20 卢布。毫无疑问，人们会更愿意买他的万花筒来玩，而不是去参加他的化学和物理讲座。他的这些讲座没有给他带来任何收益，这真是太令人遗憾了。

一直以来，万花筒只被人们当作一种有趣的玩具。但如今它已经被用到了**图案设计**上。

人们发明了一种能够拍摄万花筒里面图案的仪器，将拍摄到的图案洗成照片，最后再利用机械设备制造出含有这些图案的产品。

图43 万花筒照片集锦

提问

你知道万花筒成像的原理是什么吗？可查找相关资料，了解万花筒的成像原理。

迷幻宫殿

我想知道，如果我们变成了和玻璃碎片一样大的小人，滑进了万花筒中，会有什么样的体验？参加 1900 年巴黎世界博览会的人们就有过这样奇妙的经历。在那次展览上，"幻觉宫殿"是其中的一个主要的卖点，站在里面，非常像身处在一个巨大的万花筒的内部。想象一下你在一个六边形的大厅里，其中每一面墙都是一个巨大的、非常光滑的镜子。大厅的每个角落都有装饰的柱子和飞檐，它们与天花板上的雕刻融为一体。

> 参观者们走进大厅，站在拥挤的人群中，感觉周围的每个人都和自己一样。大厅里到处是一排排纵向延伸的柱子，向各个方向延伸至视线尽头。

图 44 幻觉宫殿示意图

在图 45 中内圈涂了横向阴影的六个大厅是第一次反射的结果，往外一层的 12 个涂了竖线阴影的大厅是第二次反射的结果，最外面的 18 个涂了斜线阴影的大厅则是第三次反射的结果。==每增加一次反射，大厅的个数也会相应地增加==。具体取决于镜子是不是非常的光滑，以及它们是否有被精确地平行排布。

> 事实上，一个人最多只能看到 468 个大厅，这已经是经过 12 次反射的结果。因为反射次数越多，光的能量损失就越多，所成的像也会变得越来越不清晰。

熟悉光的反射原理的人应该都知道这个幻觉是如何产生的。因为大厅里有 3 对互相平行及 12 对不平行的镜子（参照六边形数一数），所以难怪会出现这么多次的反射。

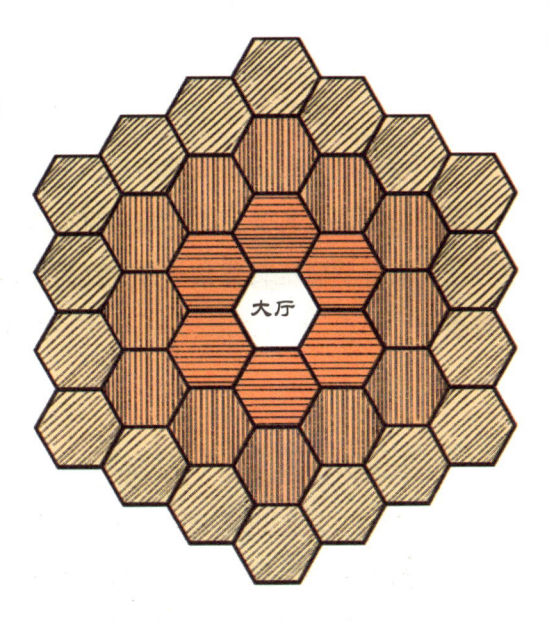

图 45 经过三次反射后的大厅

当你站在两面互相垂直的镜子前，算上镜子外的你，一共有四个"你"。那么，两镜子的夹角与成像个数有着怎样的关系呢？我们知道，一圈是 360 度，所以如果把 360 度分成九等份，即当镜子夹角为 40 度的时候，除了镜子外的你，还会有八个"你"在镜子里。

> 也就是说，360 度÷圆周两面镜子的夹角＝成像个数＋实物本身。

就在同一博览会上，还有一个更加奇妙的魔幻宫殿。在这里无穷无尽的反射与快速变换的景象结合在一起，就像我们手里玩的万花筒一样。当观众身处其中时，它看起来就像是一个巨大的，但是会动的万花筒，非常神奇。

奥妙在于，安装在墙上的每一面镜子都经过了特别的处理。在离墙角不远的地方，==镜子被竖直分割开，这样墙角就可以绕柱子旋转，就像旋转舞台一样改变大厅的场景。==

> 只需要事先布置好场景，到时候通过墙角旋转，就可以随意切换需要的场景，不过场景的数量不是无限的，按照此图所示，最多为 3 个。

图 46 魔幻宫殿的秘密

图 46 中，相邻两面镜子之间的夹角为 120 度，可切换的场景数量为 360 度 ÷120 度 =3 个。一般建筑中，相邻两个墙面是互相垂直的，此时可切换的场景数量为 360 度 ÷90 度 =4 个。

> 以此类推可知，若你需要切换的场景个数为 n 个，那么此时相邻墙面的夹角应为 360 度 $\div n = \frac{360}{n}$ 度。

图 47 展示了这三种变化，分别对应每个角的三组装饰 1、2、3。假设所有角 1 都装饰成热带雨林，所有角 2 装饰成酋长的宫殿，所有角 3 装饰成一座印度寺庙。

> 这时只需要转动隐藏的机关，就可以在热带雨林、酋长的宫殿及印度寺庙间进行场景切换。这一整套把戏都基于一种简单的物理现象——光的反射。

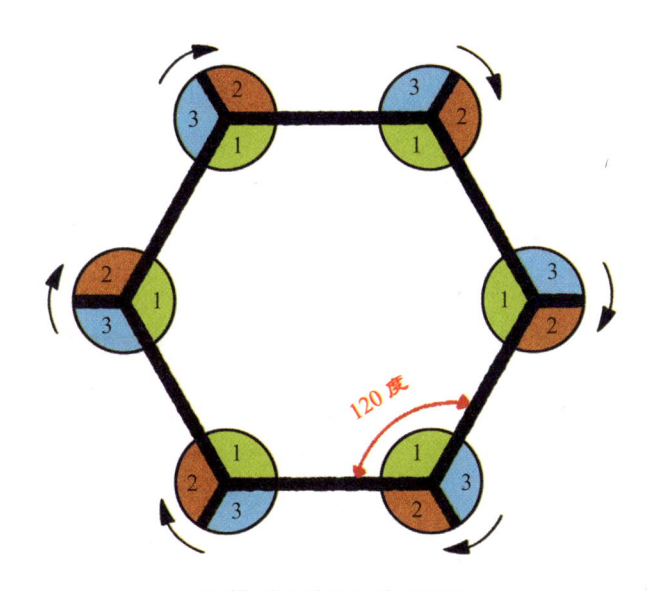

图 47 魔幻宫殿工作的原理

提问

从魔幻宫殿工作的原理图上你可以发现所有角旋转的方向有什么特点？只有这一种旋转的方式吗？为什么？

光为什么会发生折射？

光线从一种介质跑到另一种介质时会发生折射，许多人认为这是大自然的任性所为。他们不能理解为什么光不能像之前一样沿着直线走，非要**拐个弯**不可，你是否也有同样的疑问？其实光的这种行为就像列队行进中的士兵那样，当他们从平坦的道路走进一条凹凸不平的道路时，也会出现同样的现象。你可以这么理解，从平坦的道路走进一条凹凸不平的道路，势必不能沿用原来走路的姿态，在两条道路的交界处，人为了适应新的路况，会改变行进的姿态。

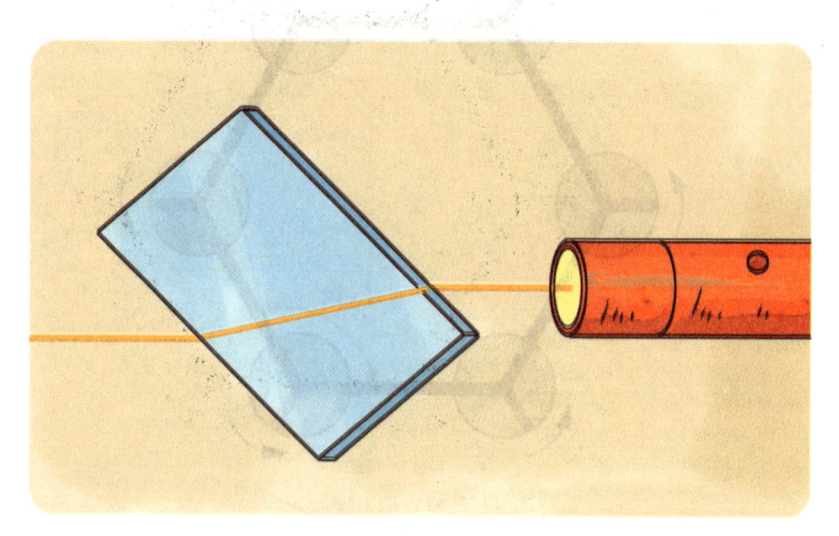

图 48 光的折射现象

光发生折射的情形有两种：一是发生在两种不同介质的交界处；二是在同一种介质中，介质的密度不均匀。

图 49 可以帮助你理解光线的折射是怎么发生的。将一块桌布对折起来，按照图片里展示的那样将其放在桌子上，使桌面保持倾斜。从你不要的玩具汽车上拆下一对轮子，沿着桌子倾斜的方向滚动轮子。当轮子的轨迹与桌布的折线成直角时，没有出现轮子拐弯的现象。这说明了<u>当光线垂直入射到两种介质的交界处时，不会发生光偏折的现象</u>。

当轮子斜着从桌子上滚下去时，轮子滚到桌布的位置时，它的运动方向就改变了，也就是说在两种<u>不同介质的交界处</u>，轮子的速度发生了变化。

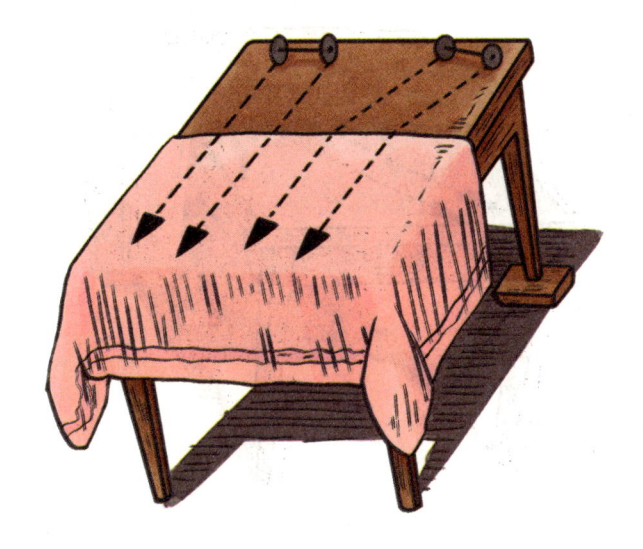

图 49 从无桌布处滚向有桌布处

这和光从空气射入玻璃是一样的，垂直入射不改变方向，斜着入射的话则偏向法线（即轨迹偏向垂直入射方向）。

当轮子从没有被桌布覆盖的那部分，也就是轮子速度更快的地方，滚到有桌布的地方（速度更慢的地方）时，轮子的轨迹会<u>向"垂直入射"的方向偏移</u>。

反过来，轮子从速度较慢的地方滚到速度较快的地方，轮子的轨迹则会远离交界线的垂线。同理，光的折射也是如此。

> 光从空气射入其他介质，光线都会靠近交界线的垂线；反过来，从其他介质射向空气，则远离交界线的垂线。说明光在空气中的传播速度大于在其他介质中的传播速度。

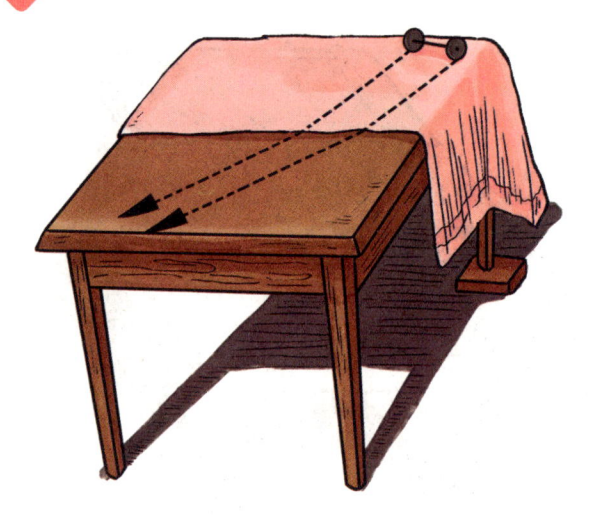

图 50 从有桌布处滚向无桌布处

这其实解释了光的折射现象的本质，即光在不同介质中的传播速度不同。并且这种差距越大，折射角就越大。其中"折射率"就表示了光传播方向改变的程度，它等于在两种介质中，光传播速度的比值。假设光从空气到水中的折射率为 $\frac{4}{3}$，那就意味着光在空气中的传播速度是在水中的 $\frac{4}{3}$ 倍。这让我们想到另一个关于光的有趣的特性——光在反射时，它会选择**最短**的路径。而当光发生折射时，它则会选择**最快**的路径，没有其他路线比这条曲折的路径能让它更快到达"目的地"。

拓展延伸

①近似等于在空气中的传播速度。

折射率

表示光在真空中的速度①与光在介质中的速度的比值。介质的折射率越高，使入射光发生偏折的角度就越大。比如玻璃的折射率是 1.5，也就意味着光在空气中的传播速度是在玻璃中传播速度的 1.5 倍。而钻石的折射率达到了 2.4 左右，导致光要从钻石内部射出，折射角很大，入射到钻石里的光线会在内部被反射多次，因此钻石看起来才会闪闪发亮。

图 51 晶莹剔透的钻石

提问

若光在空气中的传播速度为 300000 千米/秒，油的折射率为 1.5，那么光在油中的传播速度为多大？

图 52 油

45

更长的路，但是更快

我们在弯曲的路径上行进，真的比在笔直的路径上更快吗？如果我们在不同路段以不同的速度行进的话，这确实是可行的。如图 53 所示，假如有些村民住在两个火车站 A 和 B 之间，且他们离 A 更近，如果他们想要更快到达 B 站的话，他们更倾向于走路或者骑自行车到 A 站，然后再乘坐火车到 B 站，而不是直接走更短的直线去 B 站。

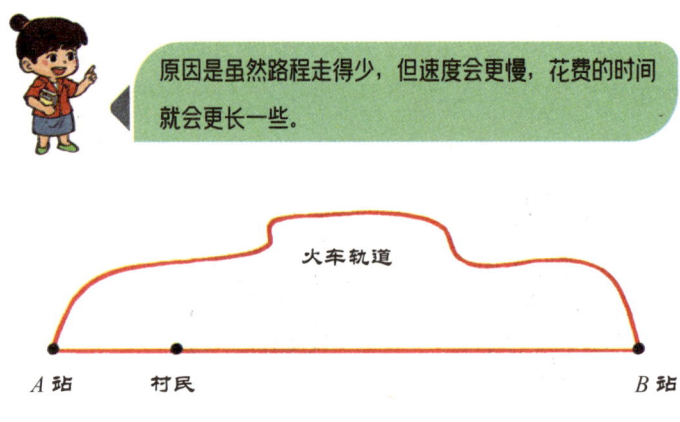

> 原因是虽然路程走得少，但速度会更慢，花费的时间就会更长一些。

图 53 决策问题

还有一个例子，一名信使被指派从 A 点送信到 C 点的指挥所，如图 54 所示。在他和指挥所之间有一片草地和一片沙地，直线 EF 将这两片区域分隔开。

> 已知穿越沙地需要的时间是穿越草地的 2 倍，那么选择哪条路线能让信使更快地将信件送达 C 点指挥所呢？

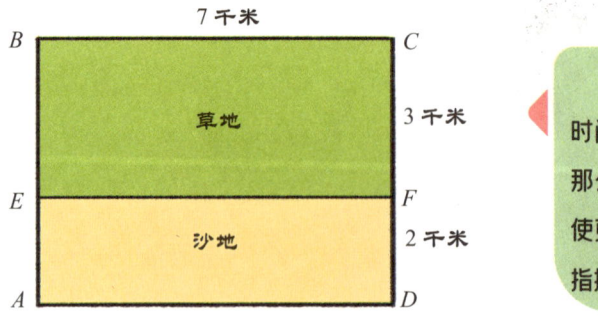

图 54 找出从 A 到 C 的最快路径

乍看之下，你可能会认为 A、C 两点之间的直线就是最短的路线，但我并不认为这名信使会选择这条路线，毕竟穿过沙地需要的时间更长。这名信使应该会选择不那么直的路线，增加穿越草地的距离，这样可以缩短在沙地中消耗的时间。由于他在草地上行进的速度是在沙地上的 2 倍，因此在草地上增加的距离反而能帮助他缩短在路上花费的时间。换句话说，信使选择的路线必然在草地和沙地的交界处发生**转折**，并且草地上的路线与交界处 EF 的垂线之间的夹角大于沙地上的路线与垂线所成的角。

如果信使走弯路 AEC，如图 55 所示，那他将比走直线路径 AC 更快地到达目的地。图中给出了两条路段的宽度，其中沙地的宽度是 2 千米，草地的宽度是 3 千米。BC 之间的距离是 7 千米。根据勾股定理可得 $\sqrt{5^2+7^2}\approx 8.6$ 千米，我们计算出从 A 到 C 的直线距离是 8.6 千米。

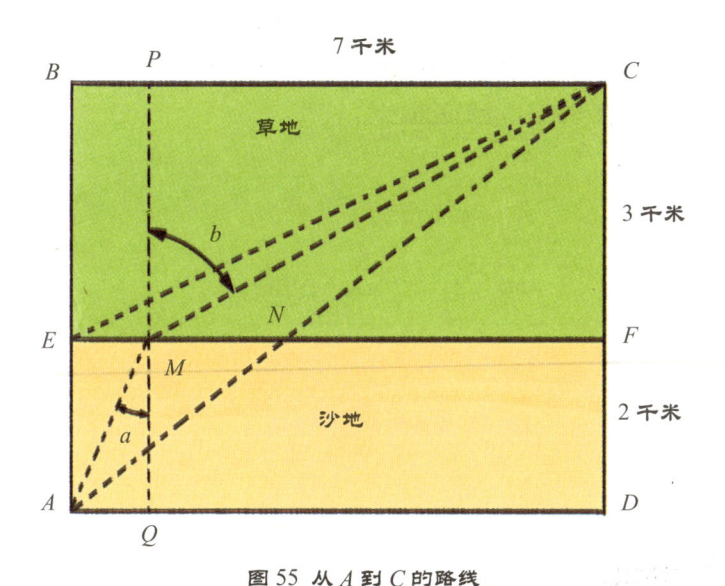

图 55 从 A 到 C 的路线

其中 AN 是穿过沙地的部分，占总距离的五分之二，也就是 3.44 千米。由于穿过沙地所需的时间是草地的 2 倍，所以在沙地上走过 3.44 千米就相当于在草地上穿过了 6.88 千米。因此沿着 AC 路线走过 8.6 千米所需要的时间，和在草地上走过 12.04 千米所需的时间是一样的。

现在我们来将 AEC 路线也 全部转化为"草地"距离。AE 的长度是 2 千米，相等于草地上的 4 千米，EC 的距离等于 $\sqrt{3^2+7^2}\approx7.6$ 千米。7.6 千米再加上 4 千米，也就是将 AEC 换算成"草地"路线的话，其总距离是 11.6 千米。

所以你看，直线路径 AC 虽然看起来更短，但实际上却相当于在草地上走了 12 千米多，而更长的弯路则只有 11.6 千米，缩短了将近 0.5 千米的距离。但是根据理论计算，这还不是最快的路线。

> 这里我们需要借助三角函数公式来选择一个方向，使得角 b 的正弦值与角 a 的正弦值之比等于信使在草地上的速度与在沙地上的速度之比。

$$\frac{\sin b}{\sin a} = \frac{v_{草地}}{v_{沙地}}$$

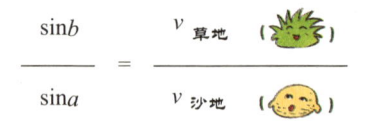

图 56 寻找最快运动路线

> 这里借鉴了光的折射，光发生折射时，总是选择传播最快的路径。

也就是说，最快的路线 AMC 中角 b 的正弦值刚好是角 a 正弦值的 2 倍。根据计算可得，刚好点 M 在距离点 E 右侧 1 千米远的位置。我们不妨来验证一下：

$$\sin b = \frac{6}{\sqrt{3^2+6^2}}$$

$$\sin a = \frac{1}{\sqrt{1^2+2^2}}$$

它们的比值：

$$\frac{\sin b}{\sin a} = \frac{6}{\sqrt{45}} : \frac{1}{\sqrt{5}} = \frac{6}{3\sqrt{5}} : \frac{1}{\sqrt{5}} = 2$$

如果将路线 AMC 转换成"草地"的话又会是多少，其中 $AM=\sqrt{2^2+1^2}\approx 2.23$ 千米，相当于在草地上走过了 4.46 千米，MC 的距离等于 $\sqrt{3^2+6^2}\approx 6.70$ 千米。这两个距离相加起来约等于 11.16 千米，比直线路径 AC 少了 0.88 千米的路程。

> 角 1 的正弦值就是图中 m 与图中圆的半径的比值，角 2 的正弦值就是 n 与圆的半径的比值。

正弦函数是三角函数的一种，在直角三角形中，任意角 A 的对边与斜边的比叫作角 A 的正弦，记作 sin A（由英语单词 sine 简写得来）。

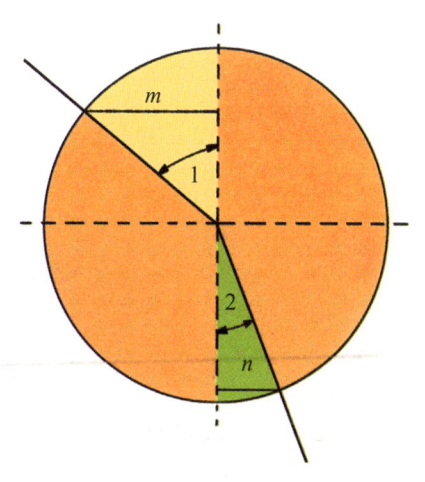

图 57 **正弦函数是什么？**

> 想利用正弦函数去求解传播速度或者路径长度时，首先要构建直角三角形。

上面的例子说明了在某些情况下选择弯曲路径能够带来的优势。光在两个不同介质中传播时，也总是会选择弯曲，但是**最快**的路径。根据光的折射定律，==光线的折射角的正弦值比上入射角的正弦值，等于光在新介质与在旧介质中的传播速度的比值==，这个比值就等于该介质的折射率。将光的折射与反射放一起讨论，我们就可以得出"费马原理"，物理学家有时也将其称为"最短时间原理"，因为光总是选择最快的路径。

当介质由多种物质组成，就像我们的大气层那样，"最短时间原理"也是一样适用的。这个原理解释了为什么光在穿过大气层时，会发生轻微的弯曲。天文学家将这种现象称为"大气折射"。在大气层中，因为距离地面的高度越高，空气越稀薄，因此光线会朝着地面的方向弯曲。

> 光在较高的大气层中传播的时间更长，因为那里的阻碍更小。在较低的大气层中传播的时间更短，因为光在那里的速度更慢。光线通过这种走曲线的方式能比走直线能更快地到达目的地。

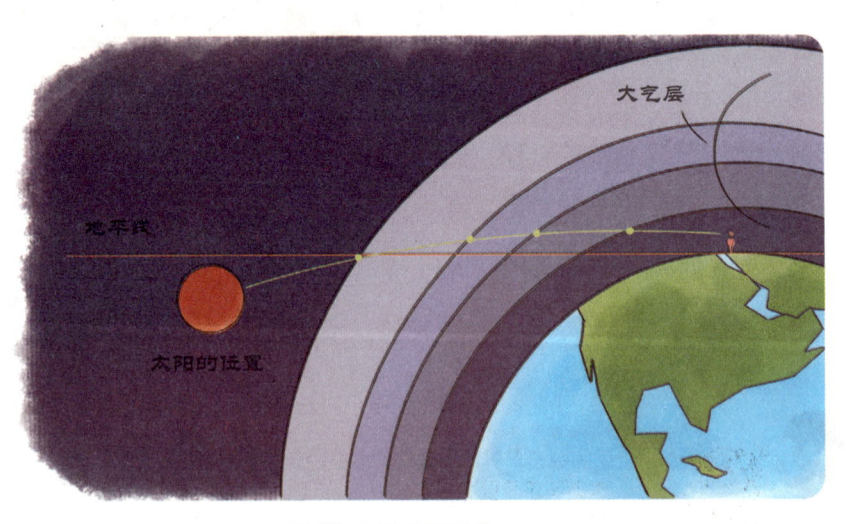

图58 **大气折射现象**

费马原理不仅适用于光线，还适用于声音及所有类型的波，无论是哪种性质的波，都遵循这一原理。你可能很想知道这是为什么，这里我引用著名的物理学家薛定谔在 1933 年领取诺贝尔奖时的演说，他在谈到光线是如何穿过密度渐变的介质时是这样说的：

让每一个士兵手里都牢牢抓住一根长棍，这样能保持队列整齐。这时指挥官下令让士兵们以最快的速度前进。假设地面的路况是逐渐变化的，一开始是右侧的士兵跑得快一些，然后变成了左侧的士兵跑得更快，队列会变得摇摆起来。并且队伍走的也不是笔直的路线，而是弯曲的。但因为每个士兵都在尽力以他们最快的速度奔跑，因此从到达目的地的时间看，它严格符合最短时间原理。

这段话可以这么理解，在介质中，物质有其自身运动的方式。当物质穿越不同的介质时，为了适应新环境，其原本的运动方式就要发生改变。

提问

某人需要穿越一片草地，再穿过一片崎岖的山地，才能到达目的地。此人需要以最短的时间到达目的地，在草地和山地的交界处，此人需要如何改变运动方向，才能节省时间？

"新鲁滨孙漂流记"

如果你读过儒勒·凡尔纳的《神秘岛》，你可能还记得书中的主人公们被困在了一个荒岛上，它们虽然没有火柴、打火石及火种，却能点燃篝火。在《鲁滨孙漂流记》中是闪电偶然击中了一棵树，帮助鲁滨孙升起了火。但在凡尔纳的小说中，是一位受过良好教育的工程师利用了他的聪明才智和他对物理学的了解，给小说的主人公们提供了很大的帮助。你还记得当水手潘克罗夫打猎回来时，看到工程师和记者坐在一堆熊熊燃烧的篝火前有多惊讶吗？

"是谁把篝火点燃了？"潘克罗夫问道。

"是太阳！"

吉迪恩·斯皮赖特的回答是完全正确的。让潘克罗夫如此惊讶的火堆正是由太阳提供的热量点着的。水手几乎不敢相信自己的眼睛，他已经惊讶到连问工程师的心思都没有了。

"你带了放大镜吗，先生？"潘克罗夫继续问道。

"没有，但我做了一个。"

然后他展示了被他当作放大镜的装置。它只是两块玻璃，分别从他和记者的手表上拆下来的。他用了一点黏土将两块玻璃的边缘黏合了起来，在玻璃中间装满水，这样就制造出了一块放大镜。然后利用放大镜将阳光聚焦在一块非常干燥的苔藓上，苔藓很快就燃烧起来了。

图 59 在两块玻璃中间装满水制成的"放大镜"

你肯定想知道为什么两块玻璃间要装满水吧。用空气填满的玻璃难道不能聚焦阳光吗？完全不能，因为一块手表表盘玻璃的两面几乎是平的。物理学已经告诉我们，光线从空气中穿过这样的玻璃，几乎是不会改变方向的，穿过第二片玻璃时也不会发生折射，因此光线无法聚集在一个点上。为了实现光线聚集，我们必须用一种透明的介质来填满两片玻璃之间的空隙，这就是这位工程师所做的事。

任何普通的球形水罐都能起到放大镜的作用。古人知道这一点，他们还注意到在这个过程中水并不会变热。药房里还会用一些装满了彩色药水的水罐来装饰店铺的橱窗，这些水罐偶尔会因为点燃了周围的易燃物质而引发火灾。

有时人们无意间将装满了水的水罐放在敞开的窗户旁，水罐旁边的窗帘、桌布甚至桌子都会被烧焦。

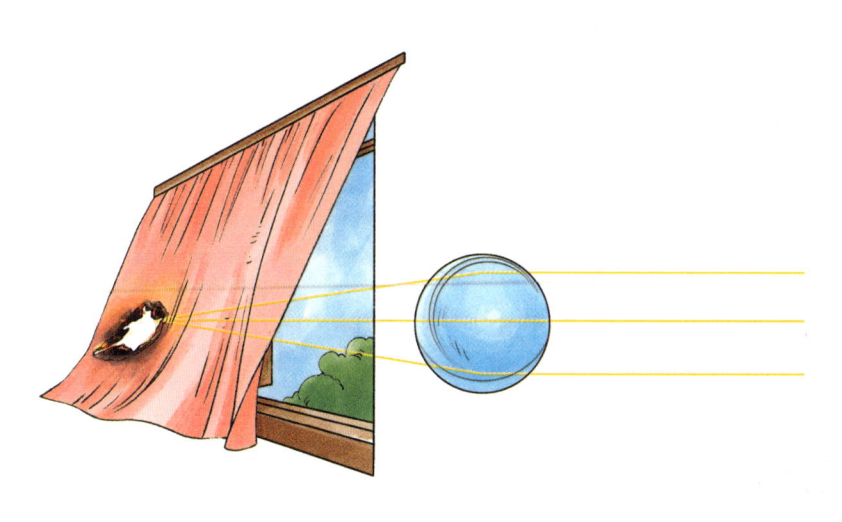

图 60 球形水罐能会聚光线

用一个装满水的、直径为 12 厘米的小圆形蒸馏瓶就足以将表面皿的水煮沸了，它会聚光线后的温度能达到 120 摄氏度，你甚至可以用这个蒸馏瓶来点燃香烟。然而值得注意的是，与装满水的蒸馏瓶相比，用玻璃透镜还是更有效。首先因为水的折射率比玻璃的折射率要小得多，其次是因为水会吸收光线中的红外线，而红外线对于物体加热来说十分重要。

在两千多年前，眼镜和望远镜还没有问世，古希腊人就已经意识到玻璃透镜有点火的作用。古希腊的喜剧作家阿里斯托芬在他著名的喜剧《云》中就提到了这一点，在剧中苏格拉底向斯特利普提阿迪斯提出了这样的问题：

"如果有一个人写了一张欠条，说你欠他钱，你会怎么销毁这张欠条？"

斯特利普提阿迪斯说："我找到了一种非常巧妙的方法，我猜你已经在药剂师那儿见过了吧，一块透明的能将物体烧起来的玻璃。"

苏格拉底回答："你指那种会点火的镜子？"

斯特利普提阿迪斯："没错。"

苏格拉底："那又怎样？"

斯特利普提阿迪斯："当公证人写字时，我就站在他身后，用点火镜将阳光聚焦在欠条上，把他写的字都熔化掉。"

这里我需要解释一下，在阿里斯托芬生活的时代，希腊人习惯在涂了蜡的木板上写字，而蜡遇热很容易熔化。

红外线具有热效应，能够与大多数分子发生共振，将光能转化为热能，太阳的热量主要就是通过红外线传到地球上的。

拓展延伸

放大镜点火的原理

光线在通过透镜时会发生折射，折射后的光线会聚焦到一个点上。这个点就是透镜的焦点。如果将太阳光线通过一个凸透镜，使其聚焦到一个点上，那么这个点的温度就会升高。当温度升高到足以点燃可燃物质的温度时，就可以点火。

放大镜点火的过程中需要注意一些问题。

首先，放大镜的焦距要适当。如果焦距太短，那么聚焦的点会太小，温度不够高，无法点燃可燃物质；如果焦距太长，那么聚焦的点会太大，温度分散，同样无法点燃可燃物质。其次，放大镜的位置要正确。太阳光线必须垂直射入放大镜，否则聚焦的点会偏移，无法点燃可燃物质。最后，放大镜的表面要保持清洁。如果表面有灰尘或污垢，会影响光线的折射和聚焦效果，从而无法点燃可燃物质。

提问

公园、森林里千万不能乱丢矿泉水瓶，特别是矿泉水瓶中还有水，你知道这是为什么吗？

冰也能生火

即使是冰，只要足够透明的话，也可以当作凸透镜来使用，甚至可以用来生火。在这个过程中，冰并不会升温融化。冰的折射率略低于水，既然一个装满水的球形罐子可以生火，那么同样形状的冰也可以。在儒勒·凡尔纳的小说《哈特拉斯船长历险记》中，旅行者们被困在了没有火源，也没有任何能够点火的极度寒冷的地方，当时的温度接近零下 48 摄氏度。

> 将冰块打磨成凸透镜的形状，也能会聚光线，用来生火。

图 61 冰能生火

"这真是太不走运了。"船长说。

"对啊。"博士说。

"我们甚至没有一个望远镜可以拿来点火！"

"真可惜，"博士说，"太阳那么大，完全可以用来生火。"

"看来我们只能生吃熊肉了。"船长说。

"没有别的办法的话只能这样了，"博士若有所思地回答，"但为什么不……"

"什么？"水手追问。

"我想到了一个好办法。"

"那我们就有救了！"水手惊呼到。

"但是……"博士显得有些犹豫。

"什么啊？"船长着急地问道。

"我们没有点火镜，但我们可以做一个出来。"

"怎么做？"水手问。

"用一块冰！"

"你觉得……"

"为什么不呢？我们需要将阳光聚焦到一起，用一块冰就可以做到这一点。淡水冰更好，它更透明，并且不容易碎。"

"那边的冰块，"水手指着一百步外的一大块冰说道，"看起来正是我们需要的。"

"正是，拿起你的斧头，我们走。"

三人走到刚才看到的大冰块旁，发现它确实是一块淡水冰。

博士让水手砍下了一块冰，其直径大约为 1 英尺[①]。然后他用

① 约 30.5 厘米。

57

斧子、小刀将其打磨成一个球形，最终做成一块透明的点火镜。博士用打磨好的冰块将阳光聚焦在易燃物上，仅过了几秒钟易燃物就开始燃烧了。

图 62 博士尝试将太阳光会聚在一起

儒勒·凡尔纳的故事并非完全不可能。在1763年的英国，就有人第一次成功用冰做成了点火镜。在这之后，冰就常被用来点火。当然，在零下48摄氏度的严寒中，还能用斧头、刀子这样简陋的工具做出冰块点火镜，这确实有些不可思议。

其实早在1700多年前，我国学者张华就在《博物志》中说过："削冰令圆，举以向日，以艾承其影，则得火。"这和克劳波尼博士的办法是一样的。

清代的科学家郑复光用另外一种方法制作冰凸透镜。郑复光找来一把锡壶，它的底微微向里凹。壶里装上热水，放在冰块上旋转，把大冰块烫成两个光滑的凸面，做成一个很大的冰凸透镜。在阳光灿烂的时候，把冰凸透镜靠在一张小桌上，让它对准太阳，把一个纸捻放在凸透镜的焦点上，纸捻很快燃烧起来。郑复光的这个实验做成9年后，儒勒·凡尔纳才出生。

制作冰块点火镜还有一种更简单的方法，找一个形状合适的碗，如图 63 所示。

> 将水倒入其中后冷冻起来，待水全部结冰后，再对碗底轻微加热，最后你就可以轻松地将冰块取出来了。

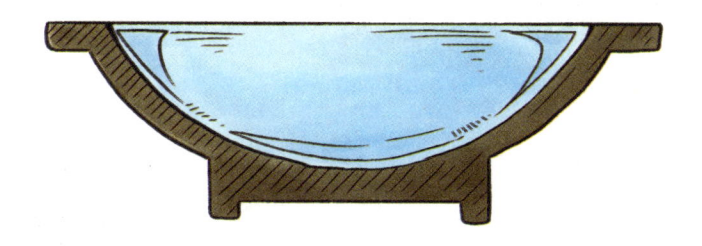

图 63 用来制作冰块点火镜的碗

像这样的点火镜只能在天气晴朗但寒冷的室外才能派上用场，在室内使用是不太实际的。因为玻璃窗会从太阳光中**吸走**大部分能量，而剩下的能量难以点燃某些物体。

提问

从所举的示例中，你能总结出什么形状特点的冰块才能被当作点火镜来使用？

海市蜃楼

我想你应该听说过"海市蜃楼"吧，是什么原因导致出现这种现象呢？

> 在沙漠中，灼热的阳光加热了沙子，而沙子又加热了地表的空气，使地表空气的密度比高处的空气密度更低。这时来自远处物体的反射光线在射入这一层空气中后，光线会**向上弯曲**，就像以一个钝角撞到了镜子后又被反射出去那样。

图 64 海市蜃楼的形成

因此沙漠旅行者们会认为自己看到的是一片倒映岸边景物的水面。或者更准确地说，炎热的地表空气层反射光线的方式不像一面镜子，倒像坐在潜艇中看到的水面。这不是一个普通的反射现象，而是物理学家所说的**"全反射"**。只有当光以一个比图中所示**大得多的角度**入射时，这种现象才会出现。

为了避免误解需要注意的一点是，稀薄的空气必须在密度更大的空气的下方。然而密度大的空气更重，这一层的空气总是会试图下降到下面一层以取代热空气的位置，并迫使热空气往上升。但为什么在出现海市蜃楼时，总是热空气在下方呢？这是因为空气是在不停运动的。被加热过的地表空气在上升后还是**源源不断**地有新的热空气补上来。这解释了为什么总是有一层热空气能保持在沙子的上方。

还有一种略微不同的海市蜃楼现象，会出现在比观察者更高层的稀薄空气中。这是由于此时稀薄的空气在密度更大的空气的上方，物体的反射光线在这样的大气中传播时，会向下偏折进入人眼，人眼逆着光线看过去，像就出现在了高处。

图 65 高空中的海市蜃楼

大多数人认为典型的海市蜃楼只在炙热的南方沙漠中才能见到，而在更高的纬度上从来不会出现。

事实并非如此，海市蜃楼经常出现在夏季的柏油路上。因为柏油路是深色的，暗沉的路面经过太阳的炙烤后会变得非常热，因此看起来就会像一片能够反射远处物体的水池一样。

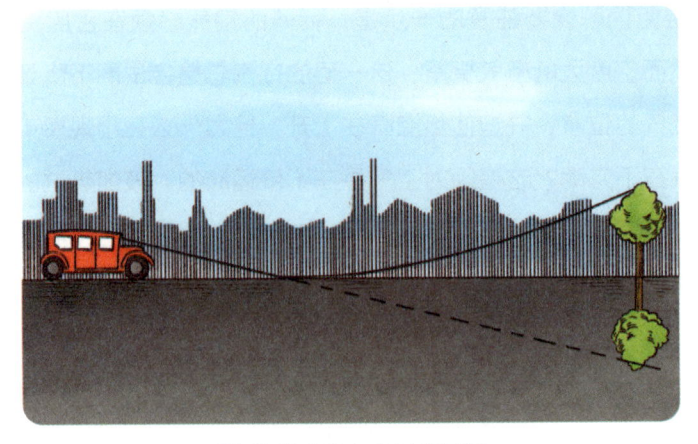

图 66 柏油路上的海市蜃楼

另外，有一种人们通常不怎么了解的海市蜃楼。它是由受热的陡峭墙壁反射产生的。有一位法国人曾这样描述过，当他靠近一座要塞的墙壁时，他注意到墙壁突然闪烁起来，就像一面抛光的镜子，反射出了周围的景色。他走了几步后，在另一面墙上看到了一样的变化。他总结出这是由于墙壁在阳光的照射下变得炙热所造成的。

观察者发现，每当墙壁变得足够热时，海市蜃楼就会出现，他还成功将其拍摄了下来。

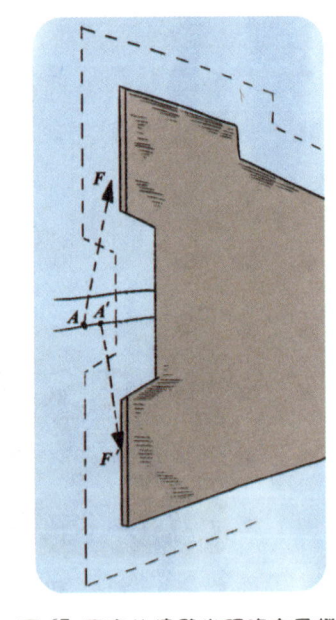

图 67 要塞的墙壁出现海市蜃楼

如图 67 显示的是墙壁的位置（F 和 F'）与观察者站立的位置（A 和 A'）。从 A 点看，墙壁 F 好像镜子一样；从 A' 点看，墙壁 F' 也像一面镜子。

图 68 中左图显示的是要塞的墙壁 F，从 A 点拍摄它时突然就像右图显示的那样，变成了一面闪亮的镜子。左图里的普通灰色混凝土墙壁自然是无法反射出旁边的两名士兵的人影的。但是同样的墙壁，在右图中却奇迹般地变成了一面镜子，反射出了最近的那名士兵的人影。在炎热的夏天，如果你多留意下周围大型建筑的墙壁，也许会看到这种现象。

当然并不是墙壁本身反射出了这名士兵，而是靠近墙壁表面的那层热空气。

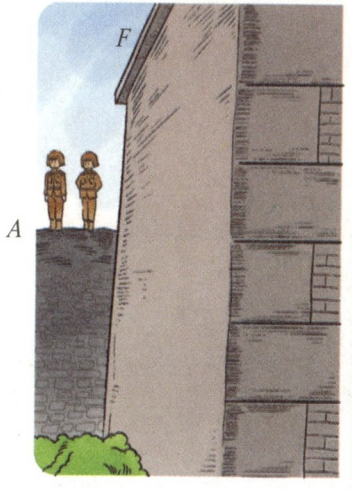

图 68 灰墙变得像一面镜子

提问

通过本节内容的学习，那么请问：在温带地区能看到海市蜃楼吗？

绿光

你在海边看过日落吗？如果你看过的话，那你注意过当太阳的上边缘落到海平线处，然后消失的景象吗？你注意过当太阳在消失前，散发出最后一束光线的瞬间发生了什么吗？你或许没注意到，但下次请不要再错过这个机会了，因为你将会看到，太阳散发出的光是一束精美的绿色光线，无论是多么厉害的艺术家也无法复制出这个景象。而大自然它自己，也没有在色彩斑斓的植物中或者最透明的深海里展现过这种颜色。

图 69 神秘的绿光

在儒勒·凡尔纳的小说《绿光》中，这篇刊登在英国报纸上的文章令女主感到兴奋不已。她为了能够亲眼见到这一景象而周游世界。在小说中，这位来自苏格兰的女孩始终没能见到这一大自然的杰作，但这种绿光确实存在，这并不是什么神话，尽管有许多传说都与之相关。相信只要你费心去寻找，那么就有机会欣赏到它的美丽。

这道绿光或者说绿色的闪光是从哪儿来的？我们可以用下面这个实验来说明。取一个棱镜，将其放到和眼睛同一个水平线的位置，底面朝下，在墙上钉一张纸，然后透过棱镜观察它。你会看到纸张上隐约地显现七彩光，顶部出现了蓝紫色的光晕，而底部的光晕是红黄色的。这种现象是由光的折射引起的，对于不同颜色的光，玻璃的折射率不同。

> 比起其他颜色的光线，紫色和蓝色更容易被三棱镜弯曲，所以我们会在纸张顶部看到蓝紫色的光晕。同时，红光弯折角度最小，所以纸的底部边缘是红色。

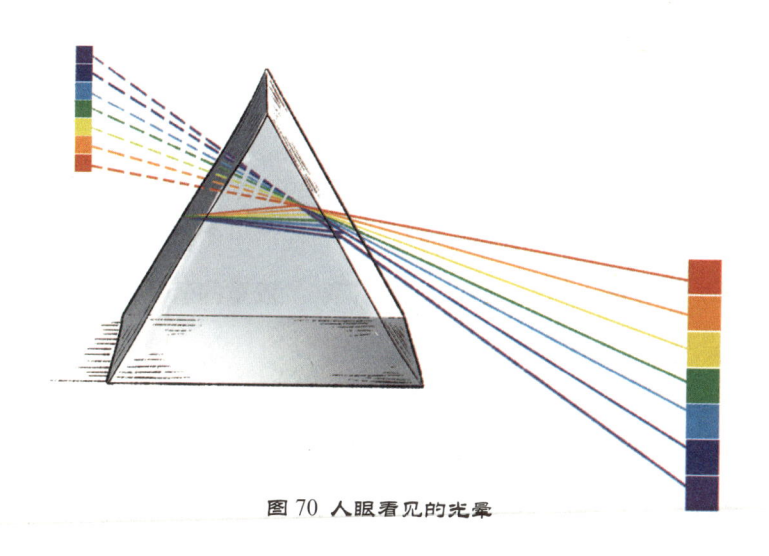

图 70 人眼看见的光晕

为了让接下来的部分理解起来更容易，我必须先解释一下这些颜色的起源。三棱镜将纸发出的白色的光线分解成了光谱上各种颜色的光，将白纸变成了各种颜色的图像，各种颜色的光按照折射率的大小排列，并且它们相互叠加在一起。这些图像叠加起来依旧是白光，但没被叠加在一起的顶部和底部就变成彩色的。

著名诗人歌德就曾做过这个实验，但他没有领会到真正的含义，反而认为自己揭穿了牛顿的色彩理论。后来他还写了一篇《色彩论》，但这篇文章完全是建立在错误的理论上的，三棱镜不可能会产生新的颜色。（反对白光是复合光的观点，是歌德拒斥牛顿颜色理论的核心。在牛顿看来，光的最简单的显现方式是各种单色光，而白光则是各种单色光按一定比例复合而成的，但歌德认为光不过是一种体验。）

图71 诗人歌德

地球的大气层就好像是一个底部朝向我们的**巨大的空气棱镜**。当太阳位于地平线上时，我们就在透过一块气体棱镜观察它。太阳的顶部有一层蓝绿色的光晕，底部则有一层红黄色的光晕。

当太阳位于地平线的上方时，它中间的颜色过于明亮而掩盖了周围颜色更暗淡的光，因此我们看不出边缘的颜色。但在日出和日落时，太阳几乎完全落到了地平线以下，我们就能看到太阳顶部的**双重的蓝色边缘**，最上层是天蓝色，下层是由蓝色和绿色混合在一起的较淡的蓝色。

当地平线周围的空气透明光洁时，我们看到的就是蓝光。通常大气层具有散射作用，蓝光最后变成一道**绿色的边缘**，也就是一开始所说的"绿光"。然而在大多数情况下，大气并没那么光洁透明，蓝光和绿光都被散射掉了，这时我们看不到任何有颜色的边缘，只能看到落日的深红色。

> 要想看见太阳边缘的蓝绿色，需具备两个条件：一是需要在日出或日落时分；二是天空光洁透明。

普尔科沃的天文学家季霍夫曾撰写了一篇关于这种"绿光"现象研究的论文，他给我们如何观察绿光提供了一些方法。

他说："当夕阳呈现深红色，用肉眼直视它且不会出现不适感时，基本可以确定不会出现绿光了。"当太阳呈现出红色时，意味着大气已经将蓝光和绿光散射掉了。他继续说道："另一方面，当太阳下山时它的颜色还是之前的黄白色，并且非常明亮（也就是说，大气对光线的吸收作用微乎其微），那就很有可能会看到绿光。但需要注意的一点是，地平线是**一条清晰的直线**，周围没有起伏的地形、森林或者建筑物。海平面就符合上述条件，这也解释了为什么水手们对绿光现象如此熟悉。"

图72 不会出现绿光

总结一下，为了看到绿光，你必须要在天空**非常晴朗**的一天里观察日出或是日落。南方地区地平线附近的天空比北方地区的更清澈，因此人们在南方更容易看到绿光。

但即使是在地球的最北端，绿光这一现象也并不是像人们认为的那样罕见，我猜他们可能是受了儒勒·凡尔纳的影响。只要你观察得够仔细，迟早会看见它的。

绿光的出现，除了得具有上述条件，其通常存在时间只有2～5秒。有人说这是一种跟海市蜃楼类似的现象，但也不完全一样。不管怎么说，这也是一种非常漂亮的奇观，难道不是吗？

人们还曾用望远镜观察到过这一现象。阿尔萨斯的两位天文学家是这样描述的：

在太阳落山前的最后一分钟，仍能看见太阳的一部分，在太阳波动但是被清晰勾勒出的轮廓上镶嵌着一道绿色的边缘。直到太阳快完全消失在地平线以下时，都无法用肉眼看到这道绿光。只有当太阳完全消失在地平线下时，才能看到它。如果使用一台放大倍数达到 100 的望远镜观察，就能看到整个过程。至少在日落前十分钟左右就能看到绿色的边缘。它包裹着太阳的上半部分，太阳的下半部分镶着一条红边。最开始的时候，绿色光晕非常狭窄，随着太阳下沉，光晕变得越来越宽。在绿色边缘的上方还能看到绿色的凸起，随着太阳逐渐下沉，它们似乎会沿着太阳的边缘滑动到太阳的最高点上，有时则完全分离开来，独自闪烁了几秒后才逐渐消退了。

图 73 用望远镜观察夕阳

通常这种现象会持续几秒钟。不过在极为有利的条件下，它可能会持续更长时间。有人记录过持续 5 分钟的案例，那是当太阳在远山落下时，这名快速行走的观察者就看到了绿色的边缘似乎正沿着山坡往下滑。

1. 太阳还未落山，其整体的光芒还较强，会掩盖其周围光的颜色。2. 太阳几乎落至地平线下，此时可看见绿光。

图 74 行走中的人看到的绿光

在日出时观察到绿光，更具有启发性。因为它推翻了一种常见的说法：绿光并不存在，它只是由于长时间盯着落日，视觉疲劳所引发的幻觉。顺便说一句，太阳并不是唯一会发出绿光的天体，**金星在落下地平线前也会产生绿光**。

提问

通过阅读，你要想看到"绿光"，需要具备哪几个条件？

来自太阳的帮助

在冬天你还可以试着做一个更简单的实验。拿两块尺寸相同的布料，一块白色、一块黑色，将它们放在有阳光照射的雪地上。过一两个小时以后，你就会发现黑色的布料已经被雪水浸湿了，而白色的布料还是老样子。被黑色布料盖住的雪融化得更快，这是因为黑色布料**吸收**了太阳光中的大部分能量，而白色布料**反射**了阳光中的大部分能量，因此白色的布料升温要慢很多。

> 这个实验最初是由美国科学家本杰明·富兰克林演示的，他因发明了避雷针而赢得了不朽的声誉。

图 75 本杰明·富兰克林

关于这个实验，富兰克林是这么说的：

我从裁缝那儿拿来了几块方形的布料，各种颜色的都有，黑色、深蓝色、浅蓝色、绿色、紫色、红色、黄色、白色等。

在一个阳光明媚的早晨,我将它们都铺在了雪地上。几个小时后,确切的时间我也记不清了,黑色的布料由于升温最多,已经陷进了雪里。深蓝色布料下陷的程度和黑色差不多,浅蓝色的下陷没那么厉害,颜色越浅的布料下陷得越少,而纯白色的布料几乎没有陷入雪地中。

那么这个结论对我们有什么用呢?比如说在炎热的夏季,穿黑色的衣服就不如穿白色的衣服合适。因为当我们走在外面时,==黑色的衣服会吸收更多的热量==,同时我们还在行走中,这又会产生更多热量,双重的热量可能还会引发中暑。夏季的帽子也应该选择白色的,这样才能反射更多阳光,避免热得头疼。将果园周围的墙壁涂黑后,这样在白天墙壁可以从太阳处吸收热量,到了夜间它仍有足够的热量来保护水果免受霜冻的影响,促进水果的生长。在我们的日常生活中,这个理论还被应用到其他一些领域。

图 76 夏天戴黑色帽子更热

1903年德国的"高斯号"轮船在南极进行探险，这一理论救了他们。当时轮船在行驶过程中被冰块卡住了，在那样的情形下，无论是将冰炸开，或者锯开，都是没用的。于是有人想到了利用太阳光，船员们沿着船和冰块的接缝，铺上了宽约十几米，长两千多米的**黑灰和煤炭**。当时的天气特别好，阳光充足，因此太阳能够完成炸药和钢锯没能完成的任务。没过几天，黑灰和煤炭下的冰慢慢融化了，轮船也脱离了危险。

图77 德国"高斯号"探索南极

提问

物体本身是没有颜色的，我们看到的颜色只不过是物体反射的有颜色的光进入了人眼。你能解释黑色物体和白色物体之所以呈现黑色和白色的原因吗？

本章科学小实验

消失的纽扣

光真是一个狡猾的家伙，它只给我们看它想让我们看的东西，不想让我们看到的东西，竟可以轻易地瞒过你的双眼。接下来的这个实验就让你见识一下光的狡猾之处，不信的话，跟着步骤自己动手试一试吧！

【实验道具】

一个玻璃杯、一个浅盘、一枚纽扣

【操作步骤】

（1）把纽扣放在盘子里，将杯子口朝上压在纽扣上，可以透过玻璃杯看见杯底的纽扣。

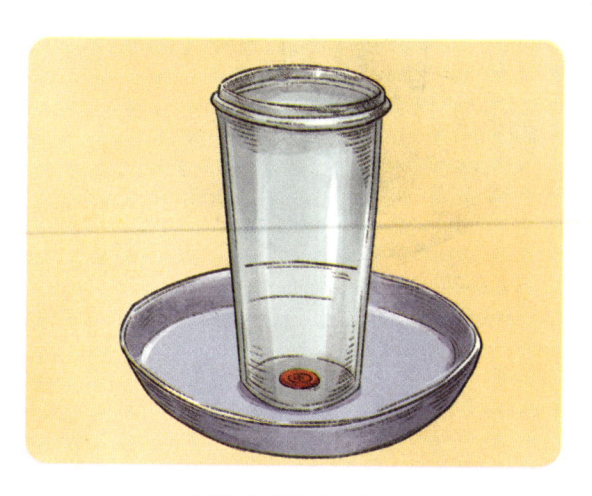

图78 杯底压在纽扣上

(2) 向杯子中倒入水后，纽扣消失了。

图 79 向杯子中加水，纽扣消失了

(3) 向浅盘中加入一些水，就又能看清纽扣了。

图 80 向浅盘中加水，纽扣又出现了

【科学原理】

当杯子注入水时，由于光的折射，纽扣的影像会消失，再把水加入盘中，改变光的折射角度，就又能看见纽扣了。

消失的玻璃杯

如果第一个实验——"消失的纽扣"你已经掌握其原理，我们不妨再来做一个"消失"类型的实验，只不过这回主角不再是纽扣了，而是我们常见的玻璃杯。

【实验道具】

食用油、水、两个大小不同的玻璃杯

【操作步骤】

（1）将小玻璃杯放到大玻璃杯中。

图81 小杯放在大杯中

（2）往大玻璃杯中加水，一直加到大玻璃杯满为止，此时小玻璃杯还是可以看到的。

图82 大玻璃杯中注满水

(3) 往小玻璃杯中加入食用油，加入过程中小玻璃杯可看得清清楚楚。一直加到小玻璃杯满为止，此时小玻璃杯中的食用油和小玻璃杯都能被看到。

图 83 小玻璃杯中注满食用油

(4) 继续加入食用油，把两个杯子之间的空隙填满。加入过程中，你将观察到，被食用油没过的小玻璃杯消失不见了。

图 84 小玻璃杯消失了

【科学原理】

本实验中，玻璃和食用油的折射率几乎相同，光在它们交界处就没有发生反射或折射现象，光沿直线传播。没有反射光线进入人眼，因此大玻璃杯中的小玻璃杯就看不见了。

第三章

视觉

在摄影出现之前

现在摄影已经很普遍了，你很难想象我们的祖先在没有掌握摄影技术时是怎么应对生活的，哪怕这只是一个世纪之前的事情。在英国作家查尔斯·狄更斯的《匹克威克外传》中，主人公匹克威克被带到了一座债务人监狱中，有人告诉匹克威克，他需要坐下来，以便为他画肖像画。

"坐下来以便为我画像？"匹克威克问道。

"是的，先生，为你画像。"胖胖的狱卒回答道，"我们这里有出色的画师，仅需片刻就能完成一幅肖像，并且准确无误。请进，先生，不用太拘谨。"

匹克威克只好按照他们的邀请坐了下来。威勒先生站在了椅子后面，低声说："所谓的坐着画像，就是要不同的狱卒都仔细观察你一遍，以便把你和其他犯人辨别清楚。"

"行吧，山姆。"匹克威克说，"那我希望艺术家们赶紧过来，这里毕竟是公共区域。"

"我敢说不会太久的，先生，"山姆回答道，"这里有一座荷兰产的时钟，先生。"

"我看到了。"匹克威克回答道。

"还有一个鸟笼，先生。"山姆说，"监狱中的监狱，不是吗，先生？"

正当山姆说着韦勒先生曾说过的这句富有哲理的话时，匹克威克先生意识到他的画像要开始了。胖胖的狱卒坐了下来，时不时地端详着他，这时一个又瘦又高的人正站在对面，仔细地观察着他。还有一位板着脸的绅士，他显然是正在喝茶时被打断了，因为匹克威克进来时，他正在吃掉最后一点面包皮和黄油。他站得离匹克威克先生很近，双手叉腰，仔细地审视着他，另外两人也加入了行列。

匹克威克先生在这个过程中显得很不自在，他在椅子上坐立不安，但他没有发表任何评论，甚至没有对山姆说一句话。山姆一边靠在椅背上思考他的雇主此时的处境，一边想象如果合法的话，对在场的狱卒一个接一个地发起猛烈的袭击，会给他带来多大的满足感。

直到画像完成以后，匹克威克先生被告知他现在可以进入监狱了。

更早的时候，人们还通过列举外貌特征来完成这类"画像"。在普希金的歌剧《鲍里斯·戈都诺夫》中，沙皇在他的布告里是这样描述格里高利·奥特皮耶夫的外貌的："个子矮小，胸膛宽阔；一只胳膊比另一只长；蓝眼睛，黄头发；脸颊和额头上各有一颗痣。"

提问

通过阅读，你认为在画像前最重要的事情是什么？

许多人不会做的事

在 19 世纪 40 年代，人们将摄影技术引入俄罗斯。最初引进的技术叫作**银版照相法**，即在金属板上保存影像，这种方法是达盖尔发明的，所以这种摄影技术又叫作**"达盖尔摄影术"**。这是一种非常不便的方法，被拍摄的人摆好姿势，然后必须在长达几十分钟或更久的时间里保持不动，才能拍摄一张照片。"我的祖父，"圣皮得堡的物理学家 B.P. 温伯格教授告诉我，"他在相机前坐了 40 分钟，才拍了一张银版照片，而且这张照片无法复印。"

> 为什么拍摄时人不能动？原因在于该方法是利用水银蒸汽对曝光的银盐涂面进行显影来记录图像的，而曝光的时间需要 30 分钟左右。

图 85 银版照相法拍出来的照片

不需要画家的介入就能制作一张肖像，这对于大众来说似乎非常不可思议。以至于人们花了相当长的时间才习惯了摄影术。一本 1845 年的俄国杂志中就有一段与此相关的趣事：

许多人仍无法相信能自动生成肖像。有位绅士前来拍摄他的肖像，摄影师邀请他坐下，调整了相机镜头，放入了一块感光板（银版），瞥了一眼手表，然后就离开了。当摄影师在场时，绅士像在地上生根了似的端正地坐着。一旦摄影师走出去，绅士就认为他没必要坐着不动了。他站起身，吸了一撮鼻烟，从各个角度检查了一遍相机，把眼睛凑到了镜头上，摇了摇头，嘴里还嘟囔着："多么奇妙。"然后开始在房间里来回踱步。

摄影师回来时，在门口惊讶地停住了脚步，大声说道："你在做什么？我告诉过你要坐着不动的！"

"噢，我没动。只是等你出去的时候我才站起来的。"

"可你应该从头到尾都坐着不动呀。"

"那我为什么要无缘无故坐着不动呢？"绅士反驳道。

至少我们现在不会像他那么天真了。虽然银版照相法在当时很流行，但也存在其自身的局限性。比如拍摄的影像是在一层很薄的银层上形成的，因此相片容易受损。更由于使用水银蒸汽显影，不仅拍摄成本高，还有可能导致摄影师水银中毒等。

尽管摄影已经存在了一个多世纪，变成了十分普遍的事物，但仍有许多人不了解摄影的一些相关知识，也很少有人知道应该怎么看照片。事实上，即使是一些专业人士也没有以正确的方式来看照片。

提问

通过阅读，请概括一下银版摄像法的优缺点。

怎么看照片？

相机和我们的眼睛是基于同样的光学原理运作的，物体在相机的显影屏上投影出的像取决于镜头与物体之间的距离。如果用我们的一只眼睛来代替相机的镜头，那拍下来的画面将会是一样的。因此，如果你想从照片中获得和直接观看物体一样的视觉体验。首先，只用一只眼睛看照片，其次和照片保持适当的距离。

因为当你用双眼看照片时，你看到的图片是平面的，而非立体的，这是我们自己的视觉缺陷。当我们在看物体时，它在两只眼睛的视网膜上产生的图像是**不同**的，这也是为什么我们在看到物体时会有立体感的原因。我们的大脑将这两个不同的图像**融合**在一起变成了一个立体的图像。另一方面，如果我们看到的是一个平面的物体，比如说一堵墙，两只眼睛上呈现的图像是一样的，于是我们的大脑就知道，我们看到的物体是平面的。

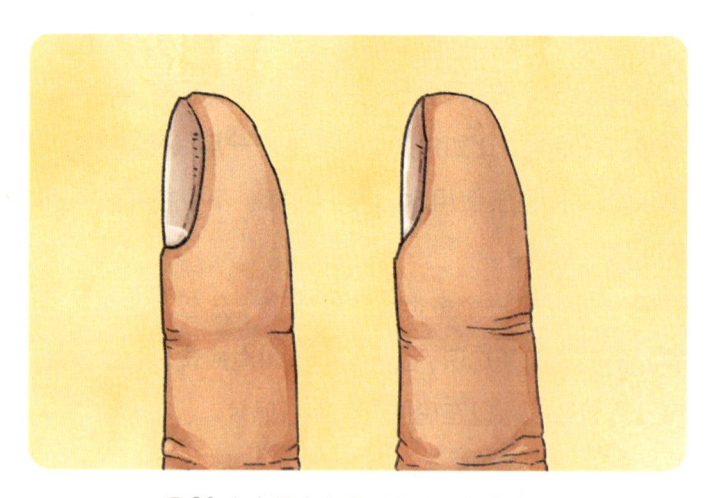

图86 左右眼各自看到的同一根手指

左右眼看到的图像不同，融合后变成立体图像。

现在你应该意识到了，我们用双眼看照片时会犯下什么错误。用这种方式看照片，我们强迫自己相信，眼前的图像是平的。当我们用双眼去看本来为单眼准备的照片时，实际上是自己阻止自己看见照片真实的样子，因此反而破坏了相机原本想呈现的图像。

从两者的成像过程来看十分相似，但是眼睛和相机有很大的差异。

拓展延伸

眼睛的感光细胞

视锥细胞及视杆细胞可以发生光化学反应，将光信号变成化学信号，进而被感知。

人眼的视觉根据外界亮度，分为明视觉、暗视觉和中间视觉。明视觉环境下，主要是视椎细胞起作用；暗视觉环境下，主要是视杆细胞起作用；中间视觉环境下，则两种细胞同时起作用，且两种细胞的活跃度随着亮度的变化而调整。

提问

为什么看照片时最好闭上一只眼睛？

将照片拿多远？

正确看照片的第二条规则——将照片放到离眼睛适当的距离，也同样重要，否则我们同样无法看到正确的影像。

那么应该将照片放到多远的位置呢？如图 87 是相机拍摄物体时的**视角**[①]，视角 1 等于角 2。从图中也显而易见，视角是与被拍摄物体的远近有关的，物体远，视角小；物体近，视角大。

> ① 从镜头中心向物体两端所引的两条直线的夹角。

> 镜头视角的大小，决定了它视野范围的大小：镜头视角大，其视野范围也大，镜头视角小，其视野范围也小。

图 87 相机拍摄时的视角 1 等于角 2

为了重现出正确的图像，我们可以把自己的眼睛想象成相机的镜头，我们需要以相机当时的视角来观看照片。

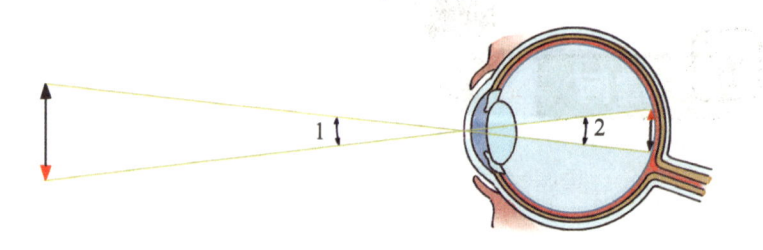

图 88 人眼看物体时成像示意图

照片，即所成的像与镜头的距离应大致等于照片与眼睛之间的距离，这个距离约等于相机镜头的焦距。由于大多数相机的焦距是 **12～15 厘米**[②]，而人眼的焦距大约是 25 厘米，大概是相机镜头的两倍，所以我们可能永远无法在正确的距离观看照片。只有近视的人或者儿童，才能在正确的距离欣赏照片，因为<mark>近视者的眼睛焦距更短</mark>，而儿童在近距离观察物体时能够调整他们眼睛的焦距。因此将照片放到眼前 12～15 厘米的距离时，他们看到的不是扁平的图像，而是立体的。

[②] 作者在创作此书时，参考的是他们当时普遍使用相机的数据。

图 89 在正确距离看照片

人们常说照片没有生命力，无法享受照片带来的乐趣，原因恰恰是大多数人不懂得如何去欣赏，我猜你现在应该懂得如何去看照片了。

提问

请总结一下，怎样看照片才是正确的？

放大镜的奇妙作用

上一节说过，近视的人很容易从照片中看到立体的效果，那视力正常的人应该怎么办呢？使用放大镜绝对是一个很好的办法。

> 通过使用有两倍放大效果的放大镜来观看照片，视力正常的人也能够看到照片的立体感，而且不会伤害自己的眼睛。

图 90 用放大镜看照片

现在我们知道了为什么当我们用一只眼睛透过放大镜观察照片时，照片是立体的。虽然现在大多数人都知道这种方法，但很少有人能解释出其背后的原因。本书的一位评论人对此还给我写了一封信，信中写道："请务必在将来的版本中，探讨一下为什么透过放大镜观察照片时会呈现出立体效果，因为我认为许多关于立体镜的复杂解释根本站不住脚。尽管理论上提供了许多解释，但抛开这些理论，不管怎样，当我用一只眼睛透过立体镜观察照片时，照片看起来仍然是立体的。"

我相信你也同意上面这段话,这并不能说明立体镜理论有什么漏洞。

玩具店里出售的全景图也是应用了同样的原理。这种玩具实际上就是一个小盒子,盒子里放着一张普通的照片——一张风景照或人物照,照片前面有一个放大镜,当你用一只眼睛透过放大镜去观看照片时,就会产生立体的效果。

为了增强立体的效果,照片中前景还常常会被剪出来,单独放在照片前面合适的位置上。因为我们的眼睛对近处的物体非常敏感,而远处的物体则不会那么容易被察觉到。

图91 全景图玩具

提问

想一想,怎样才能制作一幅立体画呢?

电影院里最好的位置

常去电影院的人可能会注意到，有些电影看起来非常清晰立体，以至于有时你会感到你所看到的像是触手可及的真实的场景和演员。很多人误以为这是电影本身自带的效果，可事实并非如此，要有刚才描述的观影体验，完全取决于你坐在影院中哪个位置上。虽然电影是使用焦距非常短的摄影机拍摄的，但它在荧幕上被放大了上百倍，而且你是从相当远的距离处用双眼观看的。

当你观看影片的角度与拍摄电影的视角相同时，观影立体效果最好。那怎么样才能找到最佳的观影视角呢？

图 92 观影的最佳位置在哪？

首先，你必须选择一个<u>正对</u>屏幕中央的座位。

第二，你的座位和屏幕之间的距离与影片投影宽度之比等于摄像机镜头焦距与胶片宽度之比。电影摄像机镜头的焦距通常有 35 毫米、50 毫米、

75 毫米和 100 毫米几种，具体选择哪个取决于拍摄的主题。标准胶片的宽度是 24 毫米，假如，我们用 75 毫米的摄像机来拍摄电影，可以得到如下所示的比例关系：

$$\frac{座位与屏幕间的距离}{影片投影宽度} = \frac{镜头焦距}{胶片宽度} = \frac{75\ 毫米}{24\ 毫米} = 3$$

图 93 旧摄像机手动调焦镜头

因此，按照上面的结果，要找到座位与屏幕之间的正确距离，你应该将电影投影到屏幕上的宽度乘以 3。假设电影在屏幕上的宽度是你走过 6 步的距离，那么最佳的座位应该是距离屏幕有 18 步远的正中央的位置。

提问

假设电影院中影片投影在屏幕上的宽度为 20 米，拍摄电影的摄像机镜头焦距为 100 毫米，所用胶片宽度为 25 毫米，则最佳座位与屏幕间的距离为多大？

给画报读者们的提示

在书籍杂志中刊登的相片复制品拥有与原照片相同的特性：在适当的距离用单眼看照片时，它们也会呈现出立体的效果。但由于不同照片是由不同焦距的相机拍摄下来的，相机镜头焦距各异，因此只能用尝试的方式来找出适当的观看距离。

> 用手将一只眼睛蒙上，将图片拿到手上，把手伸直，眼睛正对图片中央。然后将图片逐渐地靠近眼睛，同时仔细观察，你就会轻松捕捉到图片变得立体的那个瞬间。

有许多第一眼看上去模糊又扁平的插画，但如果按照我提议的方式来看这些图像，它们看起来将变得清晰立体，你甚至还能看到水面的闪光和其他立体效果。

令人惊讶的是，尽管在一个多世纪以前，通俗科普读物中就已经对这些简单的知识做出解释了，但没有多少人知道这些。英国作家威廉·卡彭特在他的书中对如何观看照片提出过正确的方法：

图94 单眼找最佳观看距离

值得注意的是，用这种方式查看照片不仅能看到物体的实体形态，还能更真实地看到图片的其他特征。尤其是在展现静止的水面时，这个效果更为明显。通常我们用双眼看照片时，水面是最不令人满意的部分，它常呈现出不透明的白蜡状。但是用单眼看照片中的水面时，它又能呈现出一种深度和透明度。同样的方式也适用于青铜或是象牙这类会反光的表面。

图 95 用单、双眼分别观看水面

反光的物体，用单眼看到的逼真效果要比用双眼好得多。

还有一件值得注意的事。正如我们平常看到的，放大的照片看起来更加逼真，而缩小了的照片则不会。确实小尺寸的照片能展现出更好的对比度，但它看起来更平，也没有景深和立体效果。你现在应该能够解释其中的原因了——缩小照片，最佳观看距离也会随之缩小，而实际上，不缩小时，最佳观看距离已经很小了。

提问

如果一张图片，不管如何控制距离，单眼都看不出立体的效果，原因可能是什么？

看画与作画

我在前面说过的关于怎么查看照片的方法同样适用于画。画也有最佳观赏距离，只有在这个距离上，才能看出立体感。此外，用一只眼睛看画的效果是最好的，尤其当画面较小时。

卡彭特在一本书中写道："一直以来人们都知道，如果我们长时间地盯着一幅画，并且观看时的透视角度、光影效果及种种细节都符合画家当时作画的条件，那么用一只眼睛看到的效果比用双眼看到的逼真得多。而当我们透过一根尺寸和形状都合适的管子来欣赏时，这种效果还会进一步增强。在过去很长时间里关于这个现象的解释大多都是错误的，培根爵士认为我们用一只眼睛看到的画面更精细是因为单眼观看可以更好凝练视力。虽然其他作家用了不同的语言来表达，但他们都认同培根爵士的这一视觉力量得到了集中的观点。当我们用一只眼睛看画时，我们的思维就受到了透视角度、明暗对比等特征的影响。因此在凝视片刻后，整个画面就会开始呈现出立体感，甚至会有实体感。"

图 96 右眼遮住，用左眼凝视

大尺寸画作缩小后的照片通常会比原作更容易产生立体感。这是因为画作缩小了，欣赏画面的最佳距离也缩短了。因此哪怕在近距离观看，照片也会呈现出立体感。

我所说的关于观看照片、素描和绘画的内容，虽然是真实的，但不应该被当作查看图片深度、立体度的唯一方法。无论是绘画、平面艺术还是摄影，每一位艺术家都在努力给观众留下深刻的印象，无论它们是从什么视角观看的。毕竟艺术家们不能指望每个人都为他们的作品遮住一只眼睛，并计算观看距离。

每一个艺术家，包括摄影师，在创作中都有各种手段使二维的图像呈现出三维的效果。画家们用一种叫作"空气透视"的方法，也就是采用渐变的色调和对比度，使画面的背景变得模糊，看起来就像是被透明的薄雾笼罩了。再加上他们还会运用线性透视的技巧，使画面看起来有深度。一位优秀的摄影师也会遵循相同的原则，通过选择光线、镜头及合适的照相纸来营造透视感。

图 97 具有透视感的画

提问

看一幅画时，增强立体感的方法有哪些？

二维与三维

为什么我们会将实物看作三维的而不是二维的？毕竟，投影到我们视网膜上的图像可是平面的，为什么我们感知到的却是立体的实物呢？这其中有几个原因，首先，==物体不同部分上的明暗程度是不同的==，这样我们就能感知出它的形状。其次，当我们为了更清晰地感知物体不同部分的不同距离时，我们的==眼睛受到的张力也会不同==，因为我们看到的不是物体每个部分与我们的距离都相同的平面图像。第三点，也是最重要的一点，因为==两个视网膜上的图像是不同的==，这一点很容易证明。在看一些近距离的物体时，交替闭上左眼和右眼，你就会发现两只眼睛各自看到的画面是不同的。

现在有两幅画面，呈现了同一个物体，分别是左眼看到的画面和右眼看到的画面。

> 如果我们让每只眼睛都只能看到自己的那幅画面，那它们就不再是两幅分开的平面图，而是融合成了一个立体的图像，用这种方式看到的画面比我们用一只眼睛看实物时产生的立体感更强。

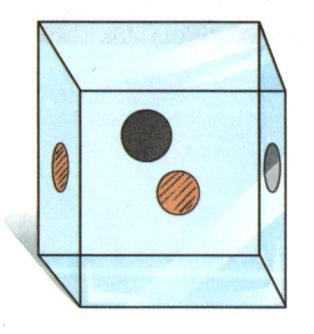

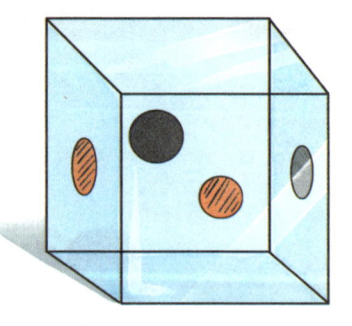

图 98 左右眼各自看到的有圆点的玻璃立方体

还有一种特殊的装置，叫作立体镜，可用来叠加这些成对的图像。早期的立体镜用平面镜制成，而后期的立体镜用的是凸面玻璃棱镜。

> 棱镜会放大成对画面，因为是凸面的，来自成对画面的光线经棱镜折射进入我们的眼睛，而我们的眼睛会沿着光线的反向延长线，将它们叠加在一起。

图 99 立体镜观察成对图像

所以你看，**立体镜**的基本原理其实非常简单，但它产生的效果却很惊人。我想你们可能都见过各种立体照片，甚至用立体镜来学习立体几何。接下来我将向你们介绍立体镜的应用，有些内容我猜你们许多人都不知道。

提问

你能描述出立体镜的工作原理吗？

双眼视觉

实际上只要经过训练，就能使我们的眼睛在不使用立体镜的情况下，也能从这样一对图像中看出立体的效果。唯一的区别就是这些图像看起来不会像在立体镜中看到的那样被放大。立体镜的发明者韦特斯通实际上就利用了这一点。下面展示了几组难度不同的立体图画，我建议你尝试**裸眼**观看。但请记住，只有经过练习才能看出立体的效果，并非所有人都能获得这种立体视觉，有的人哪怕用了立体镜也无法看到。有一些斜视的人或者习惯了用单眼工作的人完全无法适应双眼视觉，有的人只有经过长时间的练习才能看到，一般年轻人只要 15 分钟就能适应了。

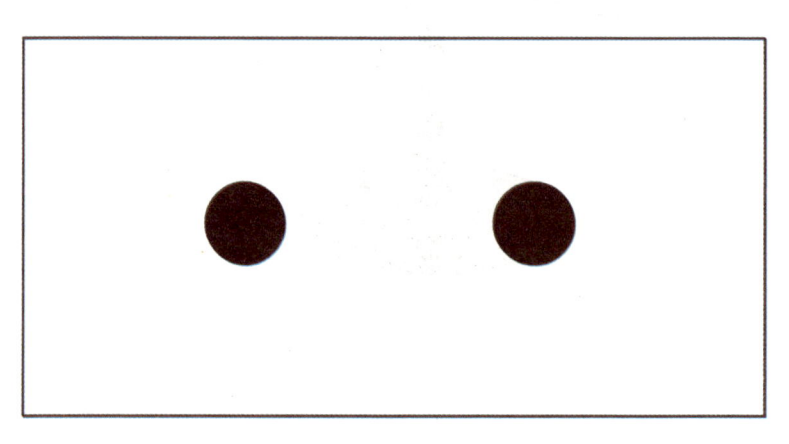

图 100 盯着中间空白看几秒钟，两个黑点似乎在融合

让我们从图 100 开始，图中有两个黑点。凝视黑点之间的空白几秒钟，想象自己是在看它们背后某个不存在的物体。很快你就会看到一种**双重效果**，黑点从两个变成了四个，两个隔得最远的点会逐渐远离，而内侧相离最近的两个点则会逐渐合成一个点。

看图 101 左图，重复上述过程，再看图 101 右图，你就会看到类似一根逐渐**朝远处延伸**的长管内壁。

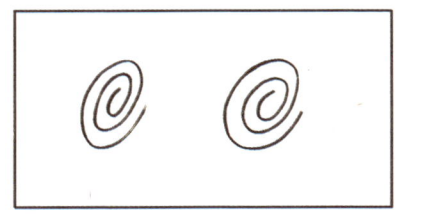

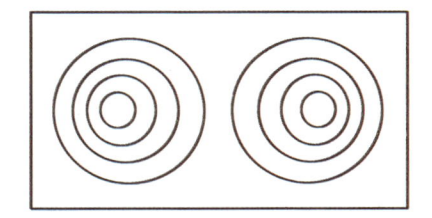

图 101 向远处延伸的长管内壁

接下来你会看到图 102 中几个几何体仿佛**悬浮**在空中，以及呈现出**长廊或隧道**的画面。（上面两幅视角不一样，一个偏侧面，一个正面。下面两幅疏密不一样，一个是左密右疏，一个是左疏右密。）

现在你就可以尝试在没有立体镜的情形下观察立体图像了，但注意不要练习太长时间，以免用眼过度。

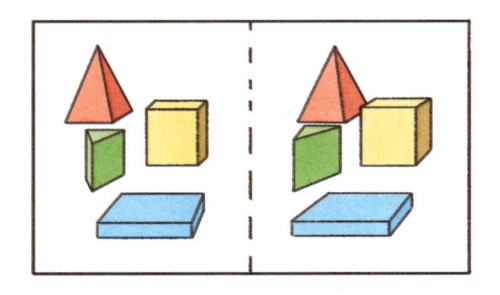

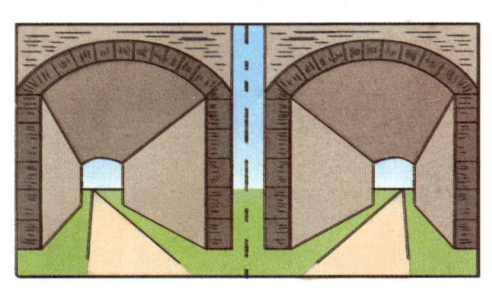

图 102 视觉练习

提问

你能自己做一个立体镜吗？如果可以，请描述你的想法。

巨人眼中的世界

当物体距离我们非常远，**超过了 450 米**时，它们立体的效果就会变得不那么明显了。毕竟我们双眼的间距只有 6 厘米，比起 450 米简直微不足道。难怪远处的建筑物、山脉和景观在我们看来似乎都是平的。正因如此，所有的天体看起来都离我们一样远。实际上月球离我们最近，而太阳系中的其他行星又比恒星离我们近一些。远处的成对照片在立体镜中是无法产生立体效果的。

然而有一个简单的办法可以解决这个问题。只需要从两个不同的地方拍摄远处的物体，并确保这两个地方之间的距离大于我们双眼之间的距离，这样生成的效果就好像将我们的眼间距放大了一样。事实上立体风景图就是这样制作出来的，这种图片通常需要通过<u>放大的棱镜</u>观看，会非常震撼。

> 确实有这种仪器，它被称作双筒望远镜，它由两个望远镜组成，其间距比我们双眼的间距更大。它是用反射棱镜将两个图像叠加在一起。

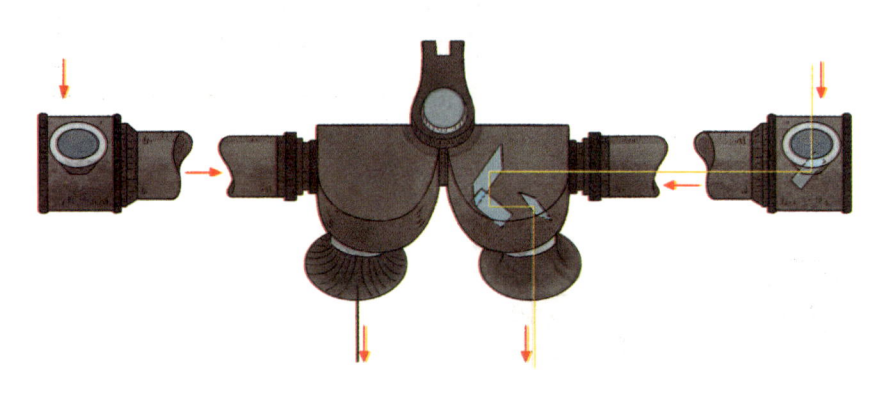

图 103 双筒望远镜

当我们用双筒望远镜看远处的景象时，大自然被转变了。远处的山脉变得逼真立体，树木、岩石、建筑及海上的船只也都从二维变成了三维，一切事物不再是平面，而变得立体了，这很有可能就是传说中的巨人眼中的自然景象。假设一个双筒望远镜的放大倍数是 10 倍，两组镜片之间的距离是双眼间距的 6 倍（6.5 厘米 ×6=39 厘米）时，其产生的立体效果将是肉眼看到的 60 倍（6×10）。

有一种双筒望远镜也能产生同样的效果，因为它的镜头间距大于眼间距，且它的目镜是双透镜组合，放大倍数更多。

而一般的歌剧望远镜不会设置的那么宽，以便减少立体效果的干扰，这样舞台和布景才能呈现出预期的效果。为了在减少画面抖动的同时能够满足观看所需的最大视野，歌剧望远镜通常选用低于 5 倍放大率的透镜，其中以 3 倍放大率为最佳。

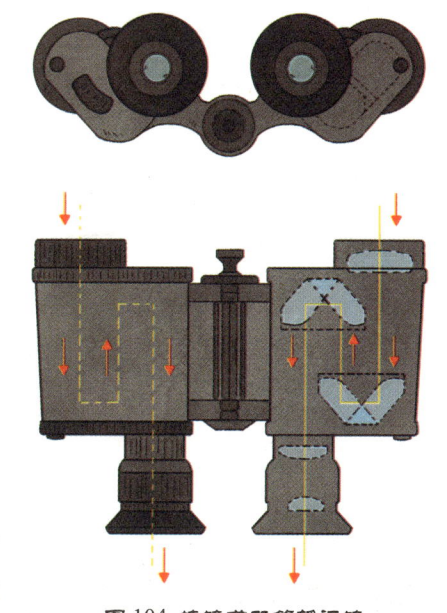

图 104 棱镜式双筒望远镜

提问

要怎么做才能看到童话中巨人眼中的世界？

立体镜中的宇宙

当我们将立体望远镜对准月亮或其他天体时，仍无法看到任何带有立体效果的景象，因为这些天体都距离我们太远了。毕竟，相比于地球到其他星体的距离，两个镜头之间 30~50 厘米的长度简直微不足道。即使两个望远镜的间距能达到几十或几百千米，也不会有任何效果，因为这些星体与我们之间的距离是数千万千米。

这时**立体摄影**就派上用场了，假设我们今天拍摄到了一颗行星，第二天在同一地点同一时刻又拍摄到了它。虽然两张照片是在地球上的同一地点拍摄的，但地球在太阳系中的位置已然不同了，在 24 小时的时间里，地球已经在自身的轨道上行进了**数百万千米**。

> 因此两张照片不可能完全相同，这样在立体镜中就会产生立体的效果。

图 105 1858 年拍下的月球的立体对像

所以正是**地球的运动**使得我们能够获得天体的立体照片。想象一下，一个头部巨大的巨人，它的眼间距达到了数百万千米，而地球的运动正是达到了如此的效果。

在立体镜中，我们<mark>不仅能检测到天体之间的位置差异，还能区分它们亮度的变化</mark>，这给天文学家们提供了一种便捷的方法来追踪"变星"，也就是其亮度会随着时间变化的恒星。一旦某颗"变星"的亮度发生了变化，立体镜就能立刻找出这颗"变星"。

天文学家还能拍摄星云的立体照片，如仙女座星云和猎户座星云。而太阳系由于太小，并不适合拍摄这样的照片，但多亏了太阳系在宇宙中的运动，我们才得已**从不同的视角**观察星空。只要在足够长的时间间隔内，将星空的差异捕捉到。我们就能制作一对立体照片，然后在立体镜中观看它们。

图 106 宇宙中的星云

提问

天体的立体照片是怎样拍下来的？

三眼视觉

请不要认为这是我随便说的。我指的确实是三只眼睛。但是一个人要怎样用三只眼睛来看周围事物呢？一个人真的能有三只眼睛吗？

科学无法给予你或我第三只眼睛，但它能赋予我们一种魔力，让我们能够以三只眼睛的视角来看周围事物。即便有的人只有一只眼睛，他也能从立体照片中看到他在日常生活中看不到的立体效果。为此，我们需要将右眼和左眼的照片快速交替播放，这样就能让只有一只眼睛视觉的人看到其他人用双眼看到的图像了。因为像这样快速放映的系列图像会融合成一个图像，和两幅画面同时出现的效果一样。

我们在前面已经提到过电影为什么看起来会有立体感，上述的现象也能使电影呈现出更多立体感。由于卷片机的缘故，电影摄像机经常会匀速移动，因此拍下的连续静止画面并不完全相同，当这些画面快速地出现在屏幕上时，我们会感觉它们是一幅三维图像。

图107 屏幕上静止画面快速播放

在这种情况下，拥有双眼的人是否能用一只眼睛观看快速交替放映的两张照片，并用另一只眼睛看从另一个角度拍摄的第三张照片呢？也就是说，用双眼实现"三眼视觉"的效果？这确实可以办到。一只眼睛看到的是从一个快速变换的立体图像对中生成的立体图像，而另一只眼睛看第三个图像。这种"三眼视觉"看到的效果将会有很强的立体感。

拓展延伸

双眼竞争

16世纪的意大利，有一位名叫德拉·波尔塔的博学家，为了提高自己的学习效率，他想出了一个"妙招"：他试着用两只眼睛分别看不同的书，从而节省一半的时间，吸收双倍的知识，但是他失败了。当他一手拿着数学书、一手拿着文学书时，他发现自己无论如何都只能读到其中一本书的内容，目光和思路在数学和文学之间来回切换，而且随着时间的增长，切换速度会越来越快。

图108 双眼无法同时看不同的画面

现代神经科学和心理学中，将这种双眼无法同时看不同东西的现象称为"双眼竞争"。我们都有类似的体验，用双眼同时观察时，左右眼看到的不同画面会被大脑整合在一起，成为一个完整的画面。可当左右眼看向完全不同的内容时，大脑就犯了难。事实上，当双眼竞争情况出现时，我们用来察觉左右眼接收到的不同信息的时间是对半的，从而达到视觉平衡。

想要打破这种视觉平衡，其实并不困难。当我们把一只眼睛用可透光眼罩遮住一段时间后拿掉，我们所观察到的画面将不再是左右眼各占一半时间，而会以先前被遮住的那只为主。

提问

我们如何以三只眼睛的视角来看周围的事物？

立体闪光

图109中的立体图像对展示的是同一个多面体，左边那张是黑底白线的，而右边则是白底黑线。在立体镜中，它们看起来将会是什么样子呢？德国物理学家亥姆霍兹是这样说的："当在一个立体像对中有一个特定平面是白色的，而另一个是黑色的时候，它们合成的图像似乎会闪光。即便照片所用的纸张是暗淡的，这对图像也能在黑色的背景下呈现出水晶般闪闪发光的效果。如果将晶体模型的图像也分别用黑白的背景呈现出来，用立体镜去观看，就会看到它们像石墨一样闪亮。水面上的闪光、叶子的反光及其他类似的效果都可以用上述方式呈现出来。"

这组图片在立体镜下会变成黑色背景上一颗闪光的晶体。

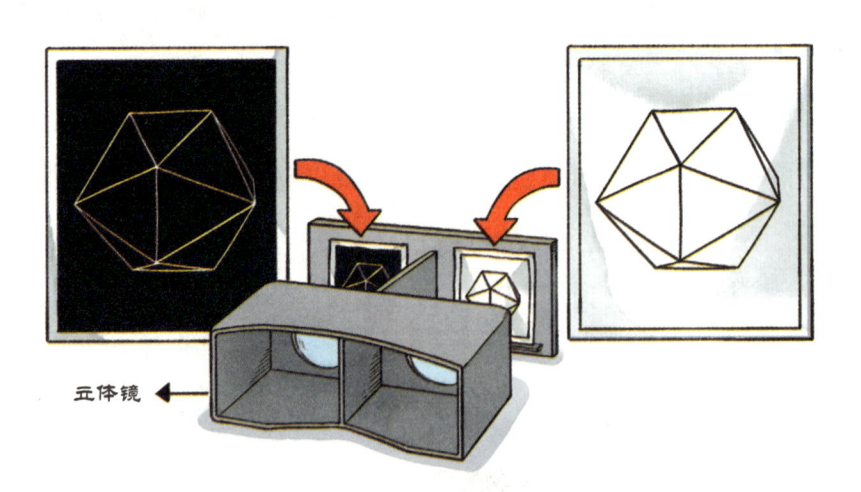

图 109 立体闪光

俄罗斯生理学家谢切诺夫在1867年出版的《感观的生理学：视觉》一书中，有对这一现象的绝妙解释：

一个看起来暗淡的表面和一个看起来闪亮的抛光过的表面有什么不同？暗淡的表面在反射光线的同时也将光线散射到了四周，因此无论从哪个角度看该表面都是一样的。而抛光的表面只在一个确定的方向上反射光线，因此我们可能只有一只眼睛接收到了所有反射光线，另一只眼睛则没有接收到任何光线。显然，在抛光表面上反射的光线在观察者的双眼之间并不是均匀分布的，这和黑白表面立体融合的效果是一样的。

> 光滑平面反射光沿着某个方向平行射出，只能在一个方向上才能看见光；凹凸不平的面，反射光向各个方向射出，在各个方向上都能看见光。

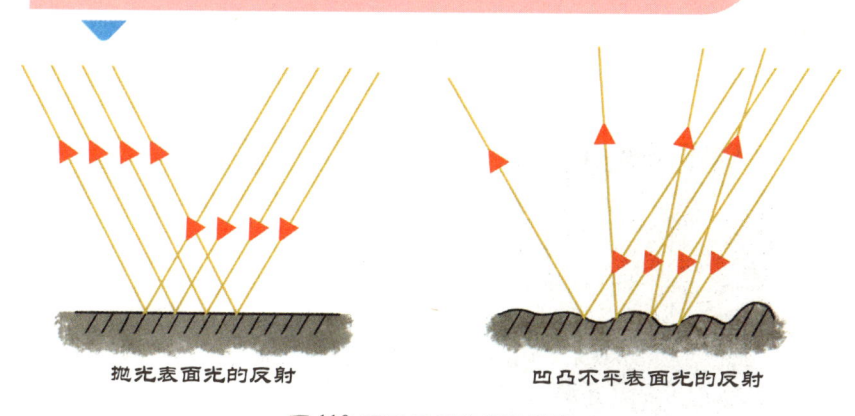

抛光表面光的反射　　　　凹凸不平表面光的反射

图 110 两种不同的反射类型

因此就实验结果看，我们能看到物体闪光的其中一个原因是两只眼睛视网膜上的图像不同，如果没有立体镜的话我们还发现不了这一点。

提问

为什么有的物体看起来会闪闪发亮？

105

快速列车上的景象

像播放老电影的胶片一样，当一个物体的不同图像被快速交替放映时，会给我们带来立体感的错觉。这种错觉只会发生在当我们自身保持静止的时候吗？在图像静止不动，而我们在移动时也会产生同样的效果吗？是的，我们也会从中看到类似的立体影像。或许你已经注意到了，在高速列车上拍下的影片看上去就和在立体镜中看到的一样，呈现出清晰的立体效果。而当你坐在高铁或汽车上时也会亲眼目睹这一点，窗外的景观看起来逼真立体，前景与远景被明显地区分开来。

> 一般情况下物体距观察者超过 450 米时，看起来就是平的，但在火车上看到的立体景观的距离则超过了这个限制。

图 111 行驶中火车窗外的全景

所以每次我们坐在高速列车上看到窗外的景色总会感到非常愉悦。远处的物体逐渐向后退，我们能清晰地看到壮丽的景观在我们眼前**展开**。

当我们穿过一片森林时，每一棵树的树干、树枝和叶子都变得鲜明立体，而不像我们在静止时观察到的那样，与周围融合成一幅平面图。坐在行驶在山路上的汽车中也能看到相同的景象，我们似乎能更真实地感知到山脉的起伏。

==单眼视觉的人士坐在火车上也能看到这一效果，因为快速变换的图片也能够产生立体感==。要检验我的说法其实非常容易，只要在乘坐火车时多注意周围的景色即可。同时你还会注意到另一个令人惊奇的现象，那就是窗外一闪而过的物体，它看起来似乎都会比实际要小一些。但这和双眼视觉的关系不大，简单来说就是因为我们**错估了**与物体之间的距离。亥姆霍兹这么解释："我们的潜意识告诉我们，它们离我们很近，但实际上它们都比我们想象中要远，只不过因其立体感强些，因此人眼才看得很清楚。"

图112 飞机上俯视地上的场景

提问

一般情况下，物体距人眼超过450米时，看起来就是平的，这是为什么呢？

彩色眼镜

在透过红色镜片的眼镜观察写在白纸上的红色的字时，你看到的只有一片红色。文字完全消失了，与背景融为了一体。但是用同样的眼镜观察白纸上的蓝色文字时，它们变成了写在红纸上的黑色文字，为什么蓝色变成黑色了呢？红色的镜片只能让红色光线通过，蓝色字迹的光线是无法通过的，因此蓝色字迹看起来变成了黑色。

基于有色玻璃的这一特性，还能创造出一种叫作彩色浮雕的效果，就和立体照片一样。

> 彩色浮雕图像是由右眼和左眼各自的两个立体图像叠加到一起形成的，这两个图像的颜色不同，一个是蓝色，一个是红色。

图 113 彩色浮雕图像

当用两边镜片**颜色不同**的眼镜观看彩色浮雕时，立体图像呈现为黑色的立体影像。右眼透过红色的镜片看到的是为右眼准备的蓝色图像，但实际看到的图像颜色是黑色。同时左眼透过蓝色的镜片只看到红色的图像，同样看到的是黑色。每只眼睛看到的是只属于它的图像。因此结果就像在立体镜中看到的一样，具有立体效果。

拓展延伸

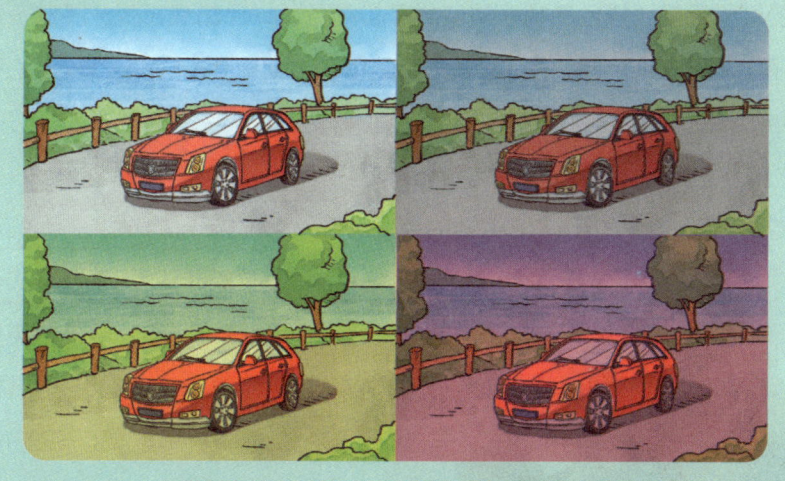

图114 通过不同颜色的眼镜看到的同一景象

左上图是肉眼能看到的原始场景。右上图是通过灰色的镜片看到的场景。左下图则是通过黄色的镜片看到的图像。右下图是通过玫瑰色的镜片观察到的世界，可以看出右下图中的天空看起来是紫色的。

提问

用绿色眼镜看一朵红色的小花，此时花瓣看起来是什么颜色？

神奇的变形

在圣皮得堡的科学娱乐馆里展示过这样的实验。馆内的一个角落被布置成了客厅的样子，客厅里的椅子都覆盖着深橘色的罩子，桌子上铺着绿色的绒布，上面摆着一个白色的杯垫，杯垫上面放着一瓶装满了蔓越莓汁的玻璃瓶，在玻璃瓶旁边还有一个插着鲜花的花瓶。客厅里摆着一个架子，架子上码齐了很多书，书籍上印着彩色的字母。

参观者们最开始会看到"客厅"被普通的白炽灯照亮。当白炽灯关闭，红色的灯光亮起，橘色的椅子罩变成了粉红色，绿色的桌布变成了暗灰色，而桌子上的蔓越莓汁也失去了自身的颜色，看起来就像水，花瓶里的花的颜色也改变了，书籍封面上的文字则消失得无影无踪。接着关闭红灯，绿色亮起，"客厅"又再一次变得难以辨认了。

这些神奇的变化阐明了牛顿的色彩理论，我们看到的物体表面的颜色是它散射的光的颜色，而不是它吸收的光的颜色。牛顿的同胞，著名的英国物理学家约翰·丁达尔对此是这样描述的："在一个黑暗的房间里，让一束白光集中照射到一片叶子上。当紫色的玻璃出现在叶子和光源之间，叶子就从绿色变成了黑色，将玻璃移开后，叶子又变回了绿色，这种变化十分惊人，这和光线的吸收有关。"

图 115 物体的颜色

> 不透明物体的颜色由反射光的颜色决定，透明物体的颜色由透射光的颜色决定。

在那个神奇的客厅里，绿色的桌布在白色的光线下呈现绿色，是因为它主要**反射**了绿光，以及在光谱带上与绿色相邻颜色的光，同时**吸收**了其他大部分光线。如果我们将红色光照射到这块绿色桌布上，它只会吸收所有红光，几乎不反射光线，从而呈现暗灰色，这就是客厅中其他地方颜色变化的原因。

但为什么当红光照射到蔓越莓汁时它反而失去了色彩呢？这是因为装着蔓越莓汁的瓶子放在了一块白色的杯垫上。一旦我们将这块杯垫移走，蔓越莓汁就会变回红色。因为在杯垫的**衬托**下，它才看起来像失去了颜色。尽管杯垫在红光下变成了红色，但在与暗灰色桌布的对比下我们仍会习惯性地将它看作白色。由于果汁和杯垫的颜色一样，因此我们会不自觉地认为蔓越莓汁也是白色的。这就是为什么它看起来不再是红色的果汁，而是像无色的水。当你用一个彩色镜片观察周围环境时也会产生同样的印象。

图 116 不同颜色光照下，同一物体颜色的变化

提问

我们看到一块透明玻璃是红色的，我们看见西红柿也是红色的，它们的红色形成的原理是一样的吗？

111

黑与白

从远处看图，并猜一下在顶部任意一个黑点和底部的黑点之间能放下多少个黑点，四个还是五个？我敢说你肯定这么回答："放五个的话不太够，但肯定能放下四个。"

下面的点与上面任意一点之间的距离看起来大于上面两个点外轮廓之间的最远距离，但实际上这两个距离相等。这就是视觉所带来的长度误差。

图 117 视觉误差

信不信由你，你还可以亲自验证一下。下面的点与上面任意一点之间的距离<mark>只能够放三个点</mark>，不能更多了！因为黑色的点看起来似乎比相同大小的白点更小。这是由于我们的眼睛存在的一些缺陷导致的。作为一种光学仪器，我们的眼睛并不严格符合光学的要求。眼睛里负责折射光线的介质并不会像对焦清晰的相机那样，在视网膜上生成有着**清晰轮廓的图像**。由于"球面像差"的作用，每个光亮的色块周围都会有**一圈亮边**，让我们误以为周围的亮边也是光亮的一部分，就使得物体在视网膜上所呈的图像被放大了。这就是亮色的区域总是看起来比暗色调的区域更大的原因。

伟大的诗人歌德虽然是一位敏锐的观察者，但并不是一个谨慎的物理学家，他在《色彩论》中对于这个现象做出了如下解释：

在相同大小的情况下，颜色暗的物体看起总是比颜色亮的物体更小。如果我们同时在看一个画在黑色背景上的白色斑点，和一个画在白色背景上的黑色斑点，后者看起来似乎比前者小了五分之一。如果我们按照这个比例将黑点放大，两个斑点看起来将会变得一样大。

在穿黑色的服装时，我们看起来会比穿浅色的衣服更显苗条。从物体边缘照射过来的光线似乎具有压缩效果，比如说将一把尺子放在蜡烛前面，尺子上似乎会出现凹痕。在太阳升起或落下时，地平线也似乎凹下去了一样。

当我们在观察新月时，月牙看起来就像是属于一个直径比月球较暗的那部分更大的黑色圆的一部分。

图 118 新月

上述每一种现象，歌德描述的都正确。不过除了一点，他说两个尺寸相同的黑点和白点，白点看起来总是比黑点大五分之一左右，这个说法不是很确切。因为，如果距离比较远的话，白点看起来就可能不止大五分之一左右了，这个差距会更大。具体看起来大多少，取决于你从多远的地方观察这些点。下面我们来分析一下其中的原因。

我们先前提到的亮色边缘的宽度是不变的。近距离观察时，这个边缘会使白色区域增大10%。在更远的距离上，斑点本身变小了，因此白色区域增大的比例可就不是 **10%** 了，而是 **30% 甚至 50%**。这也解释了为什么我们退开两三步去观察图中的圆形白点时，它们会变成六边形。要是退到六步或八步以外，这个图形还会变成蜂窝状。

图 119 远看白点变成六边形

你只需将图拿得更远些就会发现，白色区域变大了，而且白色圆点的形状也变了。

通常人们将这种错觉称作"**光渗错觉**"①，不过说成是光渗错觉也并不完全准确。因为我注意到从远处看白色背景上的黑点时，如图 120 所示，它们看起来像六边形，尽管光渗错觉并不会使点的尺寸变大，相反会使它们缩小。因此需要注意，对于一般的光渗错觉，人们提供的解释并不是总令人满意，对于大多数的光渗错觉，目前仍没有合理的解释。

①白色（或浅色）的物体在黑色或暗色背景的衬托下，亮度更高，呈扩张性的渗出，这种现象叫光渗。由光渗作用和视觉的生理特点而产生的错觉叫光渗错觉。

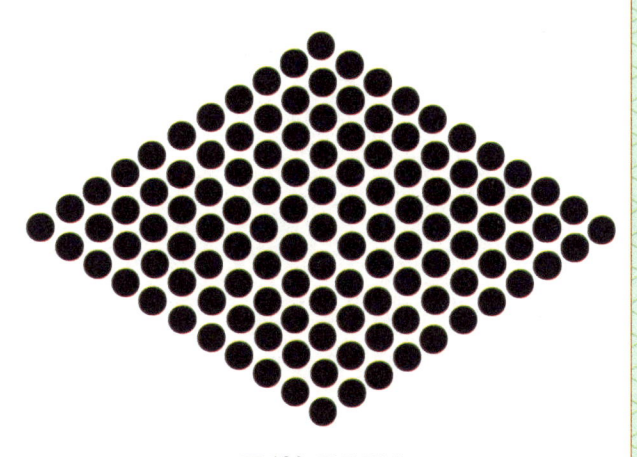

图 120 视觉误差

从远处看，黑点会缩小，而且黑点的形状也变了。

提问

如果我们同时看一个画在黑色背景上的白点和一个画在白色背景上的黑点，哪个看起来更大一些？观察的距离越远，黑点和白点之间的大小差距如何变化？

盯着你的肖像画

你可能看到过这样的肖像画，它们不仅会直勾勾地盯着你，而且不管你到哪儿，它们的眼睛似乎都会跟着你。人们在很久以前就注意到这个现象了，并对此感到困惑。俄国作家尼古拉·果戈理曾对此现象做出了如下精彩的描述：

> 那双眼睛直勾勾地盯着他，似乎除了他以外，其他什么也不想看。周围的一切都不能让那双眼睛分心，它就那么直勾勾地盯着他，仿佛要看穿了他的内心。

产生这种错觉的原因并不复杂，它不是我们眼睛的问题，而是由肖像画引起的。

图 121 凝视你的肖像

在这之前，有不少人给出过解释。例如，说是因为自上而下的心理矫正；还有说是三维空间到二维平面的映射；心理学研究者则认为是心理机制对视觉变形的还原或心理意识造成的。

更离谱的是，有人猜测这种神秘的凝视与许多迷信、传说都有关联，但实际上，这只不过是眼睛的错觉而已。其中的秘诀在于，==这些肖像的瞳孔总是位于眼睛的正中间==，和现实中其他人和你对视时一样。

当他们不再看着我们时，瞳孔就不再处于眼睛的中心位置，而是会往**旁边移动**。然而在肖像中，无论我们走到哪里，瞳孔始终都位于眼睛的中心位置。所以当我们变换方向看肖像的时候，我们就会下意识地认为肖像中的人总在盯着我们，似乎在监视我们的一举一动。

图 122 奔跑的骏马图

一些其他类型的图片也会让我们产生类似的错觉。例如，一匹奔跑的骏马，无论我们怎样躲，它似乎一直在朝我们冲过来。猫咪盯着你，无论你如何闪躲，似乎总逃不开猫咪目光的锁定。这一切都和瞳孔在眼睛中的位置有关。

图 123 盯着你的猫咪

提问

什么样的肖像画会让人感觉一直盯着你？为什么？

更多视错觉

图 124 中的这组大头针看起来并没有什么特别之处吧？现在将书举到与眼睛齐平的位置，用手捂住一只眼睛，目光沿着这些大头针的方向移动，最后将视线集中到大头针延长线的交叉点上。这些大头针看起来就像==被笔直地插在纸上==一样。当你的头向一边转过去时，这些大头针似乎也会朝着同一方向摆动。

这其实是利用了透视法制造出的视错觉，图中画的大头针实际上是竖直的大头针在纸上的投影，以此来模拟观察者从定点观察大头针时的视觉效果。

> 目光与图齐平，一只眼睛盯着针尖往上看，大头针似乎都立起来了。

图 124 大头针在纸面上的投影

我们的眼睛容易产生视错觉，但视错觉并不应该被当作一种视力上的缺陷。这种特质实际上是有优势的，但往往被忽视了，没有这个特质的话，我们将无法欣赏绘画，因为画家们正是利用了我们视觉上的缺陷来创作的。

"绘画的艺术正是基于这种视错觉而建立的，"杰出的瑞士物理学家欧拉于 18 世纪在他的著作《关于各种物理主题的书信集》中写道，"如果我们仅根据事物的真实面貌做出判断，那绘画就无法存在了，我们也会变得盲目。画家们费尽心思混合出来的颜色也全都变成了徒劳，因为我们只能辨认出这是红色，那是蓝色，这是黑色，那些是白色的点缀。一切都被包含在了一个平面之中，我们无法察觉出距离上的差异，也不能描绘出物体的真实面貌。无论画家们想向我展示什么，在我们看来这一切都和纸上的文字一样。拥有毫无缺陷的双眼，将我们从艺术品中获得的愉悦感剥夺，这样难道不更令人惋惜吗？"

图 125 欧拉

还有很多视错觉，多到足以出几本合集来介绍它们了。有些比较常见，有些则不太常见，以下是一些比较奇特且不太出名的例子。如图 126 所示在格子背景上的线条生成了非常有趣的效果。令人难以置信的是图中的字母是**直**的。

图 126 字母看起来歪

图 127 中的圆竟然不是一个螺旋。对此有一个检验的办法，就是拿一支铅笔，沿着圆的轨迹画一下。

实际上只有用圆规才能检测出，图 128 中的直线 AB 和 AC 是**一样长**的，而不是 AC 更短。

关于图 131 和图 132 还有一个有趣的故事，当出版商在检查本书上的图片时，他认为这两幅图画得很糟糕，他想将白线交界处的**灰斑**去掉后再退还到印刷厂重新印刷，这时我碰巧向他解释了事情的真相后他才明白过来。

图 127 看起来像螺旋

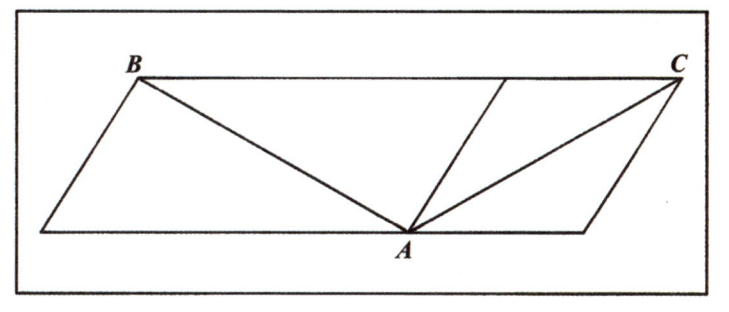

图 128 线段一样长

图 129 斜线像断了

图 130 黑白图形等大

图 131 白色条纹相交处似有灰色方块

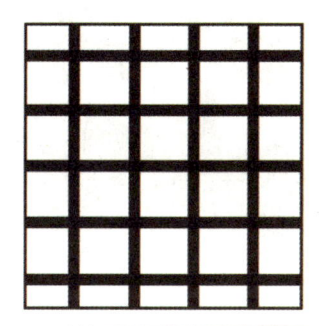

图 132 黑色条纹相交处似有灰色方块

提问

为什么视错觉不应该被当作一种视力上的缺陷？

121

近视

近视的人如果不戴眼镜的话，他就会很难看清周围。然而对于视力正常的人来说，很难想象近视的人眼中的景象是什么样的。现在近视的人很多，因此大家应该有兴趣了解他们眼中的世界。

> 对于视力正常的人来说，树叶和树枝清晰可见。而对于近视者来说，周围事物都显得模糊不清，树叶和树枝对他们来说是一团绿色，他们无法捕捉到微小的细节。

图 133 视力正常的人与近视的人看到的同一画面

因此人脸在近视者看来会显得更年轻，更有吸引力，他们看不出人脸上的鱼尾纹和细小的斑点，粗糙的红斑会被他们认为是天生的，或是用化妆品画出来的淡雅的红晕。近视者们可能还会估错他人的年龄，误差甚至能高达 20 岁。在视力良好的人看来，他们对于美有着奇特的认知。一位近视者有时为了看清他人的脸，会直勾勾盯着对方，且表现得像不认识对方。这在别人看来有些不得体，但这并不是他的错，其实近视才是罪魁祸首。

19世纪的俄罗斯诗人德尔维格曾写道:"在学校里,我被禁止戴眼镜,我觉得那些女性朋友都很精致漂亮。但等我毕业了以后,我真是吓了一跳!"

当你的近视朋友在跟你聊天时,他如果没戴眼镜的话,在他看来,你的脸会变得模糊不清,难怪过了一个小时后他会认不出你。大多数近视者并不是通过外貌来辨别他人,他们会通过声音来识别对方,敏锐的听力弥补了视力的不足。

> 和没戴眼镜的近视者聊天、打招呼,他根本看不清你的脸。过一段时间,你们再次遇见,你若不开口,他甚至认不出你。

图 134 他是谁?

你知道近视者在晚上会看到什么吗?他们看到的可能跟视力正常的人看到的不一样,他们看见的明亮的物体,比如说街灯、灯笼及亮着的窗户等,在他们眼中都会变得巨大,周围的世界充斥着杂乱无章的亮斑和雾蒙蒙的黑色剪影。

近视者在夜晚看行驶中的汽车时，他们也认不出来，只能看到两个明亮的光圈和光圈后面的黑色物体。

近视的人看到的街灯不是一排灯，而是两三个巨大的亮斑，这些亮斑将街道的其他部分都遮住了。

图135 近视者眼中的街灯

近视者看到的夜空也是不一样的。他们只能看到最亮的星星，他们有些只能看到几百颗左右，而不像视力良好的人那样能看到几千颗。而且在他们眼中，看到的每一颗星星都像灯一样大，月亮看起来也特别巨大，并且非常近，即使是新月他们也看不清月牙。

近视的原因在于眼球中晶状体的形状，近视者的晶状体比常人的更厚，以至于远处的光线在经过眼球折射后，到达视网膜之前就聚焦了，因此到达视网膜上的图像则是由已经发散开来的光束形成的。

提问

知道近视的成因了，那么你觉得有什么好办法可以矫正近视吗？

本章科学小实验

变向的箭头

在纸上画一个粗箭头，它能自动改变方向！是的，这可不是幻觉，也不是你眼睛的问题，箭头改变方向是有科学道理的，准备好实验器材自己动手来试一试吧！

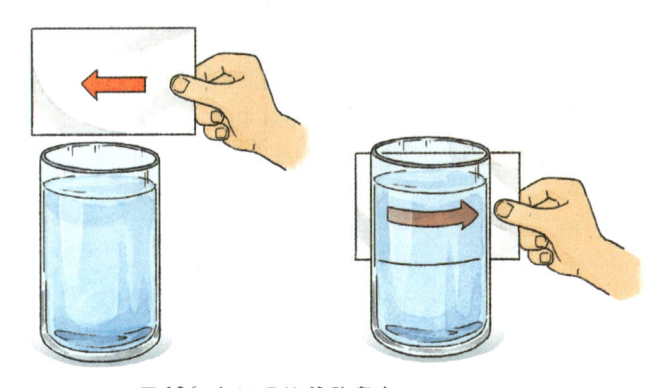

图 136 水杯后的箭头变向

【实验道具】

一张白纸、一根笔、透明的水杯、水

【操作步骤】

（1）用笔在白纸片上画一个向左的粗箭头，桌子上摆着一个装着大半杯水的杯子。

（2）把纸片放在水杯后面（注意不要离水杯太近），注意观察此时箭头的指向，发现箭头指向了右方。

【科学原理】

水杯就像是一个凸透镜，光线经过折射之后，除了经过光心的光线不改变方向，其他的光线都会改变方向。所以透过水看到的箭头就变成了相反方向的样子。

光的散射

有时候当阳光从云层中照射下来，我们可以清晰地看见一道道明亮的光路。为什么会出现这种奇特的现象呢？今天，我们不妨一起来做个实验，探寻其背后的原因吧。

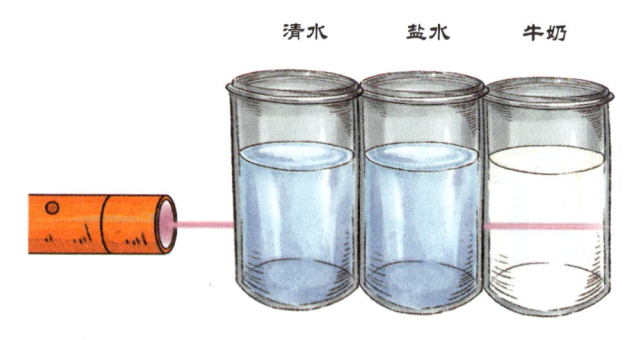

图 137 光的散射

【实验道具】

一盒纯牛奶、三只玻璃杯、食盐少许、一支激光笔、水

【操作步骤】

(1) 往其中一个水杯中倒入半杯纯净水，并用激光笔照射。

(2) 往另外一个装有纯净水的水杯中加入少许食盐并充分搅拌，再用激光笔照射。

(3) 往最后一个装有纯净水的水杯中加几滴纯牛奶，再用激光笔照射。

(4) 通过上面的实验我们发现，激光通过纯净水、食盐水时，均看不到光路。当激光通过加有牛奶的水杯时，可以看到一束明显的激光束。

【科学原理】

牛奶中含有大量的脂肪和蛋白质分子颗粒，光线通过牛奶时会在这些颗粒的表面发生散射现象。这时固体颗粒就像一个个发光体，无数的颗粒对光线散射的结果，就形成了一条明亮的光路。往水杯中加入食盐，食盐会溶解，光的散射作用小，因此无法观察到水中的光路。

参考答案

第一章提问

第5页

【解答】 用光源照射兽皮或纸板做成的人物，根据前台幕布上形成的剪影来表演故事的民间戏剧称为皮影戏。光在同种均匀介质中沿直线传播，皮影戏正是利用这一原理来完成各种造型和场景的表演。

第7页

【解答】 豹头的边缘亮一些，内部暗一些，特别是两只手重叠的那一部分，投影是最暗的。

第9页

【解答】 等到太阳升至观察者所在的地平线，就看到日出了。

第12页

【解答】 你仔细观察就会发现，还是圆形，其实和孔的形状没有关系。物体原来是什么样，成像后还是什么样，只是大小、正倒会发生改变。

第二章提问

第19页

【解答】 潜望镜的关键组成部分是平面镜，它能改变光沿直线传播的路径，使光发生偏折，到达人的眼睛。

第21页

【解答】 你可以扔其他一些轻小的物体，也可以用激光照桌子下面，若光被反射，说明桌腿间镶着镜子。

第23页

【解答】 应该让灯对着人，同时照在这些物体上。光照在物体上，发生漫反射，光线进入人眼，可以看见物体。

127

第 25 页

【解答】 一个面从镜面反射变成漫反射，只需要将这个平面变得粗糙一些，比如将这个面刮花一些，铺上棉布等方法都可以。若要将一个面从漫反射变成镜面反射，那么这个面就需要变得光滑一些。当然可以将这个面磨得光滑一些，或者在这个面上贴一层光滑的东西，比如透明胶。

第 27 页

【解答】 10 时整。在白纸上画一个钟表，时针指在数字"2"，分针指在数字"12"。将白纸翻过来，你看到的就是实际时间。

第 29 页

【解答】 直播间看到的文字是反的，通常是手机开了镜像翻转。由于前置摄像头的镜头与屏幕方向相反，所以在直播时镜头会翻转图像，导致直播时看到的文字也被翻转了。解决这个问题的方法很简单，只需要在直播前，找到手机摄像中"镜像翻转"选项，将其关闭即可。

第 31 页

【解答】 两点之间，连接起来的直线路径是最短的，其他路径都比直线路径要长。

第 33 页

【解答】 关键是在目标平面上找出一点，连接起点和终点，所画的折线要符合光的传播轨迹。即从折线的顶点作目标平面的垂线，这条垂线与两段折线的夹角相等。

第 37 页

【解答】 万花筒是利用平面镜成像原理制作的，通过光的反射产生影像。将三面成角度的镜子放在一个圆筒里，再将碎玻璃片放在筒端的两层玻璃间，随着三角镜中镜子角度的变化，影像的数目也随之变化。影像重叠后形成各种图案，不停地转动万花筒就可以看到不断变换的图案。

第 41 页

【解答】 从图中可以看出，所有角的旋转方向都是顺时针。当然可以杂乱排布，每个角落都有各自的旋转方向，只要保证每次出现6个角的是同一场景即可。另外同一旋转方向可能只需要一个控制机关，很好控制，不同旋转方向就需要不同的控制机关了。

第45页

【解答】 300000÷1.5=200000（千米/秒），即光在油中的传播速度为200000千米/秒。

第51页

【解答】 此人在草地上的运动速度大于在山地上，所以当穿越草地和山地的交界处时，此人应向垂直于交界处的方向运动。

第55页

【解答】 这是因为有水的矿泉水瓶经过阳光的照射，会产生类似于透镜的效果，使得光线聚焦于一点，时间长了，地上的枯叶就会被点燃，从而引发森林火灾。看似不经意间的一个小事情，往往会引发严重的后果，所以千万不能乱丢水瓶，保护环境要从自身做起！

第59页

【解答】 形状向外"凸"的冰块可以被当作点火镜。这里的"凸"指的是冰块的中间部分比边缘要厚。

第63页

【解答】 当然可以。跟纬度关系不大，海市蜃楼现象取决于当时的气候，当下层空气和上层空气的密度不一样时，就可以看见海市蜃楼。

第69页

【解答】 第一，天空光洁透明，避免发生光的散射；第二，最好是海平面、地平线为一条直线。

第72页

【解答】 看见物体是黑色，说明没有光线进入人眼，光线被物体吸收掉了；物体呈白色，是各种颜色的光都进入人眼，混合而成白色，说明白色物体反射所有颜色光。

129

第三章提问

第 79 页

【解答】 画像最主要的就是要观察，观察的时候一定要从整体到部分，再到更深的细节，不能走马观花，大致看一下。

第 81 页

【解答】 银版摄像优点是影纹细腻、色调均匀、不易褪色；缺点是不能复制、拍摄时长时间不能动等。

第 83 页

【解答】 一只眼睛看到的照片更加立体，双眼看照片时会迫使自己把照片看成一个平面。

第 85 页

【解答】 看照片时我们应该：（1）只用一只眼睛看照片；（2）要使照片与眼睛保持一定的距离。我们看一个立体的物体时，在我们双眼的视网膜上获得的像并非完全相同。当我们用两只眼睛看照片时，会使我们错误地认为，我们面前是一幅平面的图画！同时要让照片与眼睛保持适当的距离，这个距离应大致等于摄像机的焦距，否则也会影响实际的立体感。

第 87 页

【解答】 拍摄一张清晰的照片，将照片放到立体镜中去观察。为了使立体效果更好，可以将照片中的前景单独剪出来，放在照片前合适的位置。

第 89 页

【解答】100 毫米÷25 毫米＝4 倍，最佳观影座位与屏幕之间的距离为 20 米×4=80 米。

第 91 页

【解答】 有可能是照片过小，最佳观看距离太小了；也有可能是照片本身景深就很弱，所拍摄物体差别很小导致的。

第 93 页

【解答】 单眼看画；透过一根尺寸和形状都合适的管子看画；将画作缩小观看。

第 95 页

【解答】 立体镜其实是通过将同一物体或场景下不同视角的两幅图像进行合成，从而产生立体效果。

第 97 页

【解答】 可以试着用望远镜制作一个简单的立体镜。将两块望远镜镜片并排装在一块纸板上，在两幅图中间放上一块纸板，以便将图片隔开，这样就可以观察到立体图了。

第 99 页

【解答】 根据双筒望远镜的原理，通过两个不同视角，将远处的物体放大后，呈现在双目中，这样看到的图像更加立体逼真。

第 101 页

【解答】 假设我们今天拍摄到了某一天体，第二天在同一地点同一时刻又拍摄到了它。将两张照片放在立体镜中观看，就能看到具有立体效果的照片。

第 103 页

【解答】 首先，在三个不同的地点拍摄同一物体的三张照片；然后，把这三张照片里的两张快速交替地出现在观察人的一只眼睛前面，在很快交替的作用下，两张照片给这只眼睛提供了立体的感觉；最后，另外一只眼睛去看第三张照片，得到的第三张照片的感觉就会跟刚才那个立体感觉连到一起。

第 105 页

【解答】 因为光滑物体表面反射的光都朝一个方向射出，在其他方向上基本没有光线，所以只能在某个方向上才能看见发光的物体，其他方向上物体都是不发光的。

第 107 页

【解答】 因为距离越远，远景和近景挨得就越近，到 450 米时，人眼已经无法区分远景和近景，看起来画面就是一个平面。

第 109 页

【解答】 黑色。因为绿色眼镜只能透过绿光，花瓣反射的红光不能透过眼镜进入人眼。

第 111 页

【解答】 透明物体的颜色是由透过的光的颜色决定的，透明玻璃看起来是红色的，是因为只透过红光。西红柿是不透明物体，它的颜色是由反射光的颜色决定的，它看起来是红色，是因为它只反射了红光，吸收了其他颜色的光。

第 115 页

【解答】 白点看起来更大一些。观察的距离越远，白点和黑点之间的大小差距越来越大。

第 117 页

【解答】 肖像画里的人的瞳孔始终位于眼睛中央。这和日常中两人对视很像，只要瞳孔始终位于眼睛正中央，不管你在哪个方位，感觉肖像都在盯着你。

第 121 页

【解答】 正因为视错觉的存在，我们才能感受物体在距离上的差异，才能描绘出物体的真实面貌。这样在欣赏一些艺术作品时，比如画作，才能体会作者的别出心裁，体会到艺术带来的乐趣。

第 124 页

【解答】 近视是因为晶状体太厚，折光能力太强，所以应减弱光的偏折，可以戴上凹透镜，也就是近视眼镜，或接受眼部手术治疗。